청소년을 위한
개념 있는 지구 생활

**청소년을 위한
개념 있는 지구 생활**

초판 1쇄 펴냄 2025년 3월 14일

지은이 박지은

펴낸이 고영은 박미숙
펴낸곳 뜨인돌출판(주) | 출판등록 1994.10.11.(제406-251002011000185호)
주소 10881 경기도 파주시 회동길 337-9
홈페이지 www.ddstone.com | 블로그 blog.naver.com/ddstone1994
페이스북 www.facebook.com/ddstone1994 | 인스타그램 @ddstone_books
대표전화 02-337-5252 | 팩스 031-947-5868

편집이사 인영아 | 책임편집 이주미
디자인 이기희 이민정 | 마케팅 오상욱 김정빈 | 경영지원 김은주

ISBN 978-89-5807-058-0 03400

청소년을 위한 개념 있는 지구 생활

박지은 지음

뜨인돌

목차

비거니즘이 지구를 살리는 데 도움이 될까?

지구의 내일이 걱정이지만, 무엇을 해야 할지 몰라 막막한 여러분에게

설레는 마음으로 책을 막 펼친 지금, 잠시 창문 밖의 하늘을 올려다보세요. 오늘 날씨는 어떤가요? 새파란 하늘에 피어 있는 뭉게구름 사이로 햇살이 쏟아지고 있나요? 미세 먼지로 가득해서 온통 뿌옇기만 한 잿빛 하늘인가요? 짙은 먹구름 아래로 비가 추적추적 내리고 있나요? 하얀 눈이 펑펑 쏟아져 창문 틈에 소복이 쌓이고 있나요?

모두 '하늘'이라는 같은 이름으로 불리지만, 단 하루도 똑같은 모습의 하늘은 없어요. 매일 다른 그림이 걸려 있는 하늘을 올려다보면 우리 집 지구가 얼마나 오색찬란한 곳인지 느낄 수 있습니다.

그런데 안타깝게도, 언제부턴가 우리는 이 아름다운 지구가 얼마나 오래 무사할 수 있을지 걱정하기 시작했습니다. 매일같이 산불, 폭우, 가뭄, 폭염 등 이상 기후 현상이 늘고 있다는 소식을 듣다 보면 맑고 푸른 하늘을 앞으로 얼마나 더 볼 수 있을지 두려움이 앞서요.

지난 2024년 4월 4일은 한국의 '지구 생태 용량 초과의 날'이었습니다. 지구의 탄소 자정 능력 1년치를 모두 써 버려서, 4월 4일부터 12월 31일까지 우리가 쓴 생태 용량은 미래에서 빌려 쓴 거랍니다.

전 세계적으로 지구 생태 용량 초과의 날은 점점 앞당겨지고 있습니다. 50여 년 전인 1971년과 비교하면, 약 5개월이나 빨라졌다고 해요. 이렇게 계속해서 미래의 지구에 빚을 지고 산다면 나중에는 어떻게 될까요? 우리는 지구에서 무사히 할머니, 할아버지가 될 수 있을까요?

저는 지구에서 무사히 내일을 맞이하기 위해 '지구 살리미' 생활을 실천 중입니다. 저의 지구 살리미 생활은 '잘 먹는 일'에서 시작해요. 고소한 잡곡밥, 버섯과 두부와 싱싱한 채소로 만든 반찬으로 차린 저의 밥상에는 비거니즘으로 맛과 영양을 모두 챙기기 위한 고민이 담겨 있어요. 잘 먹는 일뿐만 아니라 '잘 쓰는 일'도 중요해요. 화장품도 비건 상품으로 구매하고, 일회용품을 줄이기 위해서 손수건과 텀블러를 챙겨 다녀요.

편리한 삶의 방식과는 거리가 멀지요? 누군가는 저를 보고 왜 그렇게 사서 고생을 하냐고 묻기도 해요. 솔직히, 저도 때로는 밥상을 차리고 설거지하는 것도 힘들고, 텀블러를 넣을 수 있는 큰 가방을 메고 다니는 게 귀찮기도 합니다. 하지만 지나친 편리함의 대가로 맑고 푸른 하늘을 다시 볼 수 없게 된다면 어떨까요?

이 질문을 떠올리면, 귀찮고 피곤해서 배달 음식을 시키려다가도 힘을 내어 밥을 짓기 시작해요. 소소하지만 맛있는 한 끼를 차려 먹고 나면 지구를 살리는 일에 보탬이 됐다는 생각에 뿌듯함이 차오릅니다. 지구 살림을 위해 노력하는 저를 보며 사람들은 '사서 고생'이라고 하지만, 지구의 미래를 위한 고생이라면 기꺼이 '사서'라도 하고 싶어요. 그건 우리 자신의 미래를 위한 일이기도 하거든요.

여러분도 지구의 미래가 걱정이라고요? 그런데 무엇을 할 수 있을지 고민이라고요? 이미 늦은 건 아니냐고요? 물론 초능력을 가진 슈퍼 히어로처럼 당장 지구를 구하지는 못할 거예요. 하지만 적어도 나의 하루는 바꿀 수 있습니다. 그리고 그 하루들이 모이면 작지 않은 변화를 만들 수 있어요.

지구 살림을 실천할 수 있을지 자신이 없다고요? 그럼 다시 하늘을 올려다보세요. 매일매일 다른 모습의 하늘처럼, 실천의 모습도 각양각색이랍니다. 100명의 지구 살리미가 모이면, 백 가지 모습의 실천이 있을 수 있어요. 실천의 모습이 다양할수록 지구 살림의 풍경도 알록달록 더욱 멋져질 거예요. 지구 살림이라는 목표가 있다면 부족한 실천도, 못난 실천도 없습니다.

기후 위기가 걱정이지만 어디서부터 어떻게 시작해야 할지 몰라 주저하는 여러분을 '지구 살림 수업'에 초대합니다. 작은 실천의 물결이 모인다면, 언젠가 거대한 파도가 일어나 상상하지도 못했던 큰 변화가 생길 수도 있어요. 그날이 올 수 있도록, 우리 지구 살림 여정을 함께 떠나 볼까요?

인생 목표는 단 하나,
지구에서 무사히 내일을 맞이하기.
일회용품을 줄이기 위해
온갖 물건을 넣은 가방을 메고 다니는 탓에
뒷모습은 흡사 직립 보행 거북이.
가장 많이 반복하는 일은 설거지,
가장 좋아하는 음식은 비건 샌드위치.
엄격한 사람으로 오해하지 말 것!
늦잠과 낮잠을 좋아하는 보통의 사람.

바람

환경에 관심을 가진 계기는 2019년에 발생한 호주 산불.
화상 입은 코알라와 캥거루를 보며 환경을 위해
뭐라도 실천하고 싶지만,
어떻게 시작해야 할지 몰라 막막함.
기후 위기에 관심을 가진 뒤로
익숙했던 것들이
낯설게 보이는 경험에 푹 빠짐.

구름

일회용품 줄이기와 분리배출 실력으로는
지구 상위 5%. 요즘 들어 자신이 아무리 노력해도
지구의 건강을 되돌리기엔 늦었다는 생각에
도통 기운이 없음.
근래 최다 검색어는
'기후 우울증'.

곧 추석인데…
너무 더워요, 쌤!

날씨가 진짜
이상해졌어요.

하하… 고생이 많아요.

그래도 환경 문제를
직접 경험해 보니

지구 살림에 대한 의지가
샘솟지 않나요?!

…

저는 분리수거도
열심히 하는데 이렇게 많은
쓰레기를 보니
오히려 힘이 빠져요.

힝..

??

지구는 이미
틀린 것 같은데. 나중엔
우리 모두 다른 행성에서
살아야 하지 않을까요?

우리가 제2의 지구도 망가뜨릴 수밖에 없는 이유

영화 〈인터스텔라〉를 본 적 있나요? 영화 속 미래의 지구는 인간이 더는 거주할 수 없는 행성이 돼 버립니다. 하늘을 뒤덮은 모래바람 때문에 숨 쉬기도 힘들고, 심각한 병충해로 농작물도 자라기어려워지죠. 청명한 하늘도, 다양한 음식으로 차린 근사한 식탁도전부 꿈속의 일이 돼 버려요. 식량난이 심각하니 대부분의 토지는옥수수 밭으로 쓰이고, 국가는 학생들에게 과학자보다는 농부가되기를 장려합니다. 비밀리에 운영되던 항공우주국은 인간이 살수 있는 행성을 찾기 위한 우주 탐사 계획을 실행합니다.

〈인터스텔라〉에 등장하는 지구의 모습은 더는 영화 속 이야기만이 아닙니다. 세계 곳곳에선 기록적인 폭염과 산불, 가뭄 등 이상 기후 현상이 발생하고 있어요. 2024년 7월엔 기상 관측이 시작된 이후 가장 높은 세계 평균 기온을 기록했어요. 2023년 캐나다에선 대한민국 면적보다 넓은 지역이 산불로 타 버렸고, 2022년 스페인에선 극심한 가뭄으로 인해 '과달페랄의 고인돌'이 1963년 댐 건설로 물에 잠긴 후 처음으로 모습을 드러내기도 했어요.

이같은 이상 기후 현상은 앞으로 더 많아질 겁니다. 국제 기후 학자들이 모인 세계 기후 속성 프로젝트의 도미니크 슈마허 교수는 지구 평균 기온이 앞으로 0.8℃ 더 오르면 북반구에서 극심한 가뭄이 매년 발생할 거라고 예측했어요. 그에 따라 식량난도 더욱 심각해지겠지요.

기후 위기의 심각성을 피부로 느끼며, 인류가 앞으로 지구에서 살 수 없게 될지도 모른다는 걱정에 공감하는 사람들이 많아지고

극심한 가뭄으로 모습을 드러낸 과달페랄의 고인돌.

있어요. 그리고 그 해결책을 지구 안이 아닌 밖에서 찾으려는 사람들이 있습니다. 영화처럼, 우주 어딘가에 제2의 지구를 만들어 인류가 이주할 수 있도록 말이죠.

세계 지도를 펼쳐 보면 유럽 대륙에서 가장 서쪽으로 튀어나온 부분이 있어요. 바로 포르투갈의 호카곶입니다. 푸른 대서양이 끝없이 펼쳐진 호카곶에는 높은 비문 하나가 우뚝 서 있는데, 거기엔 '이곳에서 땅이 끝나고 바다가 시작된다'라는 시구가 적혀 있어요. 불과 13세기까지만 해도 사람들은 지구가 네모나다고 믿었기 때문에 그곳이 지구의 끝이고, 더는 갈 수 없다고 생각했거든요.

이로부터 지구가 태양 주위를 돌고 있다는 태양 중심설이 받아들여지기까지 400년, 태양 중심설로부터 인류가 달에 발자국을 찍게 되기까지는 300년이 더 걸렸어요. 그럼 아폴로 11호가 달에 착륙한 후로부터 민간 우주 여행이 시작되기까지는 얼마나 걸렸을까요? 고작 50년 남짓이랍니다.

2024년 1월, 항공 우주 기업 버진 갤럭틱의 로켓 'VSS 유니티'는 민간인 4명을 태우고 최초의 준궤도(88.8km) 우주 관광을 했어요. 4개월 후 아마존 창업자인 제프 베이조스의 우주 기업 블루 오리진의 로켓 '뉴 셰퍼드'는 민간인 6명을 태우고 지구 상공 약 106km에 도달해 우주 여행에 성공했어요. 테슬라 창업자인 일론 머스크가 설립한 스페이스X의 우주 관광선 '크루 드래건'은

2024년 3월 일곱 번째 국제 우주 정거장 유인 수송 임무를 성공적으로 완료했어요. 일론 머스크는 화성에 도시를 만들어 식민지화하고 인류를 '다행성종', 즉 여러 행성에 사는 종족으로 만든다는 목표를 가지고 있어요. 그는 2050년까지 화성에 약 100만 명이 살 수 있는 도시를 만들겠다는 포부를 밝혔어요. 제프 베이조스는 2020년대 후반엔 첫 민간 우주 정거장을 건설할 거라 발표했어요.

눈부신 기술의 발전을 지켜본 인류는, 우주에 새로운 주거지를 만드는 미션도 성공할 것이라 자신하고 있어요. 우주 비행이 처음 시작된 이후로 100년도 채 지나지 않아 민간인도 우주에 갈 수 있게 됐으니, 우주에 사는 것도 어쩌면 영화 속의 일만은 아니겠지요?

(지구와의 관계 다시 생각해 보기)

우주 산업의 발전에 대해 듣다 보면 바람이와 구름이처럼 지구를 살리기 위해 노력해야 할 이유에 의문이 생길 수 있어요. 우주로 이주할 수 있는 가능성이 점점 커지고 있으니까요. 하지만 우주로의 이주는 정말 기후 위기의 멋진 해결책일까요?

인류가 우주로 떠나는 역사적인 날, 지구는 어떤 모습일까요? 다시 영화 〈인터스텔라〉 이야기를 떠올려 봅시다. 우리는 영화의 첫 장면이 시작되기 전에 벌어졌을 일들을 상상해 봐야 합니다. 지구가 모래 폭풍으로 가득한 황량한 행성이 되는 과정에서 고통받았을 많은 생명의 이야기를 말이지요.

관측 이래 최초로 지구 평균 기온 섭씨 17℃를 돌파한 2023년, 기후 재난으로 사망한 사람은 약 1만 2,000명으로 역대 가장 많았어요. 같은 해 하와이에서는 100년 만의 대규모 산불로 수백 년의 역사를 기록한 유적이 불타 없어졌어요. 2022년 우리나라에서 집중 호우로 380곳에서 산사태가 발생했을 때, 누군가의 사랑하는 가족이고 친구였을 15명이 목숨을 잃었습니다. 우리가 지구를 떠나 생존할 수 있더라도 지구라는 삶의 터전을 떠나는 일은 인류에게 결코 아름다운 역사로 기록되지 않을 것입니다. 지구에서만 쌓을 수 있는 수많은 추억과 이별해야 할 뿐만 아니라, 수많은 이가 사랑하는 사람과 삶의 터전을 잃어버렸을 테니까요.

우주 산업의 탄소 배출에 대해서도 생각해 볼 필요가 있어요. 우주선을 한 번 발사할 때 배출하는 탄소의 양은 비행기가 대서양을 한 번 횡단할 때 배출하는 양의 약 60배입니다. 스페이스 X 우주선이 우주를 한 번 오고 갈 때 배출하는 탄소 배출량은 278명이 평균 1년 동안 배출하는 양이라고 알려져 있습니다. 물론 우주 산업 기술의 발전은 인류의 삶을 윤택하게 해 줍니다. 그러나 국제 사회가 2050년까지 전 지구적인 탄소 중립을 달성하겠다는 목표를 제시한 상황에서, 이렇게 막대한 양의 탄소 배출을 발생시키는 산업을 마냥 반길 수만은 없겠지요.

우주 산업의 발전을 지켜보며, 반드시 생각해 볼 점이 하나 더 있어요. 바로 우리가 지구와 맺는 관계지요. 여러분은 지구와 어떤 관계를 맺으며 살고 있나요? 그런 질문을 생각해 본 적이 있나요? 우리는 지구에게 물, 햇살, 바람 등 셀 수 없이 많은 것을 받고 살지만 받기만 할 뿐, 돌려주는 데는 무척 소홀합니다. 지구를 망가지게 놔두고선 무책임하게 떠나 버리려 하는 건 아닌지 돌아볼 필요가 있어요. 망가진 지구를 버리고 떠나면 정말 행복할까요? 인류가 지구와 현명하게 공존하는 법을 깨우치지 못한 채 우주로 떠난다면, 그곳도 언젠가는 지금의 지구처럼 망가지고 버려지지 않을까요? 인간이 살 수 있는 두 번째 행성을 찾는 것보다 더 중요한 일은 바로 현재의 터전, 지구와 잘 지내는 법을 배우는 거예요.

지구에서든, 우주 어딘가의 또 다른 행성에서든 우리가 건강하고 행복하게 살아가기 위해선 지금 우리 삶의 터전부터 귀하게 여기고 가꿀 줄 알아야 합니다. 우리가 우리 집을 깨끗이 치우고, 정돈하고, 돌보는 것처럼 말이지요. 지구라는 집에서 건강하게 살림을 꾸리는 것이 곧 지구를 살리는 일이니까요.

지구를 돌보고 살리는 '지구 살림'을 어떻게 하는지 궁금하다고요? 그럼 지금부터 자세하게 살펴볼까요?

지구는
정말 위기에
처한 걸까?

2007년 영국 언론사 '채널 4'는 〈위대한 지구 온난화-그 거대한 사기극〉이라는 다큐멘터리를 방영했습니다. 제목에서 알 수 있다시피 인간 때문에 지구 온난화가 발생했다는 것은 거대한 사기극이며, 지구 온난화를 뒷받침하는 데이터에 문제가 있다는 주장을 담고 있었지요. 인간이 배출한 이산화 탄소는 지구에 영향을 미치기엔 너무나 작다는 거였는데, 화산 활동으로 배출되는 이산화 탄소의 양이 인간의 활동으로 배출되는 것보다 많다는 주장 등을 예로 들었어요.

다큐멘터리가 방영된 후 의견이 많이 엇갈렸습니다. 기후 변화를 의심하는 기후 회의론자들은 이 주장을 환영했어요. 하지만 과학자들은 다큐멘터리가 한쪽으로 치우친 입장만을 담은 데다 지

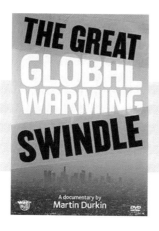

〈위대한 지구 온난화
- 그 거대한 사기극〉 DVD 커버.

구 온난화에 대한 과학자들의 입장을 왜곡했다며 강력하게 항의
했습니다. 결국 다큐멘터리의 일부 내용이 수정됐고, 화산 활동이
인간 활동보다 더 많은 이산화 탄소를 배출한다는 내용도 삭제됐
어요.

　많은 비판에도 불구하고 다큐멘터리가 방영된 후 지구 온난화
조작설은 뜨거운 관심을 받았습니다. 예전부터 지구 온난화를 뒷
받침하는 데이터 일부가 조작됐다고 의심하는 사례들로 인해 이
를 둘러싼 진실 논쟁은 꾸준히 있었거든요. 조작설에 휘말렸던 대
표적인 그래프로 과학자 마이클 만이 1999년에 발표한 '하키 스
틱 곡선'이 있어요. 이 곡선은 지난 1,000년간 지구의 온도 변화를
나타낸 그래프입니다. 1980년대를 기점으로 가파르게 치솟은 그
래프의 모습이 마치 하키 스틱처럼 생겨서 붙여진 이름이었죠. 이
그래프는 미국 일부 지역의 데이터만 반영한 거라는 의혹을 받았

는데, 최근 논란에 종지부를 찍었습니다. 기후 연구 협력 네트워크 페이지스 투케이(Pages 2K)를 비롯한 많은 학자가 산업 혁명 이후 지구의 평균 기온이 급상승한 것은 사실이라고 증명했기 때문이지요.

'기후 변화에 관한 정부 간 협약체(IPCC)'의 1차 보고서에 실렸던 과학자 휴버트 램의 그래프 역시 지구 온난화를 부정하는 근거로 쓰이곤 했어요. 이 그래프를 보면, 중세에 지금보다 지구 평균 기온이 높았던 시기가 있었기 때문입니다. 그러나 이 '중세 온난기'는 유럽 일부 지역에만 있었던 현상으로 밝혀졌어요.

조작설에 휘말렸던 데이터들이 사실로 밝혀지고 있을 뿐만 아니라 기후 변화에 인간의 책임이 있다는 근거는 더욱 많아지고 있어요. 2021년에 발표된 IPCC 6차 보고서는 인간의 활동으로 대기, 해양, 생물권, 극지방과 빙하 지대에 매우 광범위하고 급격한 변화가 발생했다는 연구 결과를 발표했어요.

(우리의 책임을 마주할 용기가 필요해)

인간이 기후에 미친 영향을 뒷받침하는 수많은 근거가 있음에도 불구하고 왜 지구 온난화 조작설은 지금까지 많은 지지를 받고 있을까요? 그건 어쩌면 우리의 책임을 마주하는 데 대한 두려움 때문인지도 모릅니다. 지구 온난화가 사실이 아니라고 믿거나 우리의 탓이 아니라고 생각한다면 우린 죄책감 없이 계속해서 지금의 편리함과 윤택함을 누릴 수 있으니까요. 하지만 기후 위기를 부정하고 싶은 마음은 실은 지구가 건강하기를, 그래서 지구에서 오래도록 살 수 있기를 바라는 마음일지도 몰라요. 이는 지구에 사는 우리 모두의 바람일 거예요. 그러니 그 바람대로 우리가 지구에서 잘 살려면 슬프고 두렵더라도 지구가 처한 위기를 마주하는 일부터 해야 해요.

2021년 세계기상기구 사무 총장 페테리 탈라스는 극단적인 이상 기후가 '새로운 표준(new normal)'이 되고 있다고 지적했습니다. 그해 그린란드 빙상 정점에는 처음으로 눈이 아닌 비가 내렸어요. 세계 곳곳에서 몇 시간 만에 몇 달 치의 비가 한꺼번에 내리기도 하고, 기록적인 가뭄과 대형 산불이 발생했다는 소식은 점점 더 자주 들려와요.

기후 위기가 불러일으킨 생태계 파괴는 생물종 다양성도 위협하고 있어요. 지구는 지금 6차 대멸종의 위기에 처했어요. 오늘날 지구의 전체 생물량 중 97%는 인간과 인간이 소유한 가축으로 알려져 있어요. 인간과 가축이 폭발적으로 증가하는 사이 포유류, 양서류, 파충류, 조류, 어류의 개체 수는 지난 40여 년간 약 68% 감소했지요. 이런 추세가 계속된다면, 짧게는 앞으로 1,000년 후 지구에서 공룡이 사라졌던 5차 대멸종 이후 6,500만 년 만에 또 다른 대멸종이 일어날 거예요.

국제 사회는 기후 위기에 대응하기 위해 2016년 최초의 국제 공동 기후 합의인 '파리기후변화협정(파리협정)'을 195개국 만장일치로 채택했어요. 여기에서 가장 중요한 내용은 산업화 이전 대비 지구의 평균 온도 상승폭을 $2℃$ 아래로 유지하고, $1.5℃$를 넘지 않도록 노력한다는 거예요.

  왜 $1.5℃$일까요? IPCC에 따르면, 지구 평균 온도의 상승폭이 $1.5℃$ 이하로 유지되면 기후 위기로 인한 빈곤 인구를 수억 명까지 줄이고, 물 부족으로 고통받는 인구를 절반까지 줄일 수 있다고 해요. 반면 지구 평균 기온이 $0.5℃$ 상승할 때마다 기상 이변이 발생할 확률과 빈도는 점차 증가할 것으로 예측된다고 합니다.

  파리협정을 통해 국제 사회가 기후 위기의 심각성을 인지하고 온실가스 감축 목표를 제시하는 것은 큰 의미가 있었어요. 그러나 2021년 8월 전 세계적으로 권위 있는 과학자들이 참여한 IPCC 6차 보고서는 안타깝게도 기후 위기를 늦추기 위한 인류의 노력이 턱없이 부족하다며 강력하게 경고했어요. 6차 보고서가 발표된 2021년 기준, 산업화 이전과 비교해 지구의 평균 기온은 이미 $1.09℃$ 상승했거든요. 고작 3년 후인 2024년, 코페르니쿠스 기후 변화 연구소에서는 지구 평균 온도가 산업화 이전과 비교해 $1.52℃$ 상승했다고 발표했어요. 6차 보고서의 저자 92명 중 60%는 이번 세기 안에 지구 평균 온도가 $3℃$까지 상승할 거라고 밝히기도 했어요.

기후 위기의 심각성을 알아 갈수록 걱정과 두려움이 커질 수 있어요. 하지만 그동안 우리가 지구를 잘 보살피지 못한 결과에 책임을 져야 한다는 사실을 받아들여야만 지구를 살리기 위한 변화를 만들 수 있어요. 그러니 지금부터 우리의 책임을 씩씩하게 마주할 수 있도록, 용기를 내 봅시다. 지구 살림 여정에 찾아온 슬픔과 두려움, 기쁨과 보람을 함께 나누면서요. 우리가 지구라는 한 지붕 밑에서 함께 살아가는 식구라는 사실을 잊지 않는 한, 여러분은 결코 혼자가 아니에요!

내가
지구에 남긴
흔적을 찾아서

(온실 속은 위험해!)

"이불 밖은 위험해!" 추운 겨울, 전기 장판을 켠 따끈한 이불에 쏙 들어가면서 다들 한 번쯤은 외쳐 봤을 거예요. 전기 장판을 켠 이불 속은 작고 아늑한 온실 같죠. 그 안에서 스르륵 하고 행복한 잠에 빠져 본 적이 있다면, 따뜻하고 편안한 온실이 싫다고 말하는 사람은 아무도 없을 거예요.

하지만 이런 온실과 달리, 지구 대기를 둘러싼 온실은 모두 힘을 합쳐 없애야 하는 전 지구적인 과제가 돼 버렸어요. 온실은 식물이 추운 날씨에도 시들지 않고 잘 자라도록 따뜻하게 만들어 주는 곳이지만, 지구의 온실은 생명체들이 점점 살아남기 어려운 곳으로 만들고 있거든요.

지구에서 생명체의 생존에 필요한 온기는 어디서 올까요? 바로 태양입니다. 태양은 표면 온도가 약 5,800℃에 이를 정도로 엄청난 열을 뿜어내요. 그렇기에 태양과 지구가 약 1억 5,000만km나 떨어져 있음에도 불구하고 태양 덕분에 지구의 생명체는 체온을 유지하고 광합성을 하며 생명을 유지할 수 있어요. 지구 또한 태양 에너지를 너무 많이 흡수하지 않도록 온도를 적절하게 유지하는 시스템을 가지고 있죠. 그런데 태양 에너지 일부가 빠져나가지 않고 이산화 탄소 등 '온실가스'에 의해 흡수돼 다시 지표로 돌아와 지구를 따뜻하게 만드는 경우가 있어요. 이를 '온실 효과'라고 불러요. 사실 온실가스와 온실 효과는 나쁜 게 아니에요. 지구의 온도를 유지하기 위한 필수 요소예요. 하지만 온실가스의 농도가 지나치게 높아져서 열을 내보내지 못하고 계속 흡수하면 어떻게 될까요? 지구는 점점 더 뜨거워지겠지요. 바로 이 현상을 '지구 온난화'라고 부릅니다.

어쩌다 이렇게 많은 온실가스가 생기게 됐을까요? 그 시작에는 18세기 후반 영국에서 시작된 산업 혁명이 있습니다. 산업화를 이끈 유럽의 선진국들은 더 많은 물건을 만들기 위해 더 많은 에너지를 원했어요. 땅속 깊이 묻혀 있던 화석 연료는 좋은 해결책이 됐어요. 석탄, 석유, 천연가스 같은 화석 연료는 연소하는 과정에서 폭발적인 에너지를 만들어 낼 수 있거든요. 산업화와 함께 화석 연료 사용량은 가파르게 늘어났고, 화석 연료에서 발생한 어마어마한 양의 온실가스는 지구 온난화를 만들었어요. 온실가스에는 우리에게 익숙한 이산화 탄소 외에도 메탄, 아산화 질소 등이 있는데요. 메탄의 온실 효과는 이산화 탄소의 약 28배, 아산화 질소는 약 300배로 배출량이 조금만 증가해도 기후 위기에 큰 영향을 미칩니다.

파리협정을 통해 200여 개의 국가가 온실가스 감축 목표를 세웠음에도 불구하고, 2024년 화석 연료로 인한 이산화 탄소 배출량은 역대 최고인 374억t을 기록했어요. 파리협정이 있었던 2016년과 비교해 약 10억t이 증가한 거예요. 모두가 "온실 속은 위험해!"를 외치고 있지만, 정작 온실을 벗어나려는 노력은 부족해 보입니다.

지구에 흔적을 남기는 탄소 발자국

학교 끝나고 친구들과 버블티를 사 마셨다. 오늘도 텀블러 챙기는 걸 깜빡해서 어쩔 수 없이 일회용 컵을 썼다. 친구들과 편의점에서 만두를 사서 전자레인지에 데워 먹었고, 생수도 한 병 사서 학원에 갔다. 학원 끝나고 집에 오니 배가 고파서 동생이랑 치킨을 시켜 먹었다. 에어컨 바람을 쐬면서 치킨을 먹으니 스트레스가 풀렸다. 뜨끈한 물로 샤워한 후 숙제를 하다 잠에 들었다.

바람이의 일상을 살펴봤어요. 여러분에게도 익숙하고 평범하게 느껴지는 일상이지요? 그런데 이렇게 일상적인 우리의 행동 하나하나가 온실가스를 배출시켜 지구를 뜨겁게 만들고 있다는 사실을 알고 있나요? 그래서 기후 위기의 심각성을 느끼는 사람들은 일상에서 온실가스 배출을 줄이기 위해 노력해요. 바로 '탄소 발자국'을 줄이기 위한 실천들이지요.

탄소 발자국이란 우리가 생활 속에서 직접적, 혹은 간접적으로 발생시킨 온실가스의 총량을 말합니다. 필수적인 의식주부터 여가 활동까지, 우리가 하는 거의 모든 행위는 지구에 탄소 발자국이라는 흔적을 남깁니다. 에어컨을 켜고 따뜻한 물로 샤워한 바람이처럼요. 석유나 전기 같은 에너지를 사용하기 때문인데, 바람이의 다른 행동을 더 살펴볼까요?

치킨을 먹는 일부터 살펴봅시다. 우선, 치킨의 재료를 만드는 과정에서 배출되는 온실가스가 있어요. 닭을 사육하고, 도축하고, 운송하는 과정 모두 에너지 없이는 이루어질 수 없거든요. 바삭바삭한 튀김 옷을 만들어 주는 밀가루와 기름을 만드는 과정도 마찬가지입니다. 그 외에도 식당에서 조리 기구를 사용하고, 공장에서 치킨 포장 상자를 만들고, 오토바이로 치킨을 배달하는 일 모두 탄소 발자국을 남겨요. 이렇게 프라이드치킨 한 마리가 농장에서부터 식탁에 올라오기까지 지구에 남기는 탄소 발자국은 약 2.1kg인데, 이는 승용차로 8.8km를 이동할 때 배출되는 온실가스와 같아요. 일회용 플라스틱 용기에 담긴 버블티, 편의점 만두와 생수는 어떨까요? 플라스틱은 석유를 가공해서 만든 거예요. 이 플라스틱 용기를 버리면 처리하는 과정에서도 많은 에너지가 쓰입니다. 500ml짜리 플라스틱 생수병은 약 52.42g, 일회용 플라스틱 컵과 빨대는 약 46g, 일회용 플라스틱 배달 용기는 약 49g의 탄소 발자국을 남깁니다. 바람이는 이날 맛있는 간식을 잠시 담아 두는 데에만 100g이 넘는 탄소 발자국을 남긴 거죠. 만약 바람이가 매일 이렇게 일회용 플라스틱에 든 간식을 산다면, 겨우 두 달 만에 30년생 소나무 한 그루가 1년 동안 흡수할 이산화 탄소를 배출하는 셈이 돼요.

평균적으로 한 사람이 아침에 일어나서 밤에 다시 잠들기까지 남기는 탄소 발자국은 약 33kg이라고 해요. 물론 우리가 탄소 발자국을 전혀 남기지 않고 사는 일은 불가능할 거예요. 하지만 온실 속 지구가 점점 위험해지고 있는 상황을 떠올려보면, 우리 모두 탄소 발자국을 줄이기 위해 노력해야 한다는 생각이 들 거예요.

의욕이 솟구치는 것도 잠시, 버블티와 치킨 같은 맛있는 간식까지 참아야 한다고 생각하니 막막하기만 한가요? 지구를 위해 우리의 즐거움을 전부 포기할 필요는 없어요! 탄소 발자국이 더 적은 선택지가 무엇인지 생각하며 아주 작은 실천부터 시작하면 돼요. 예를 들어 텀블러를 가지고 다니는 습관만 들여도 플라스틱 소비가 많이 줄겠지요? 일회용기에 담긴 음식을 배달시키는 대신 다회용기를 가져가 포장해 오는 방법도 있어요. 이렇게 맛있는 음식을 포기하지 않으면서도 우리가 지구에 남기는 흔적을 줄일 수 있는 방법은 많아요.

그럼, 탄소 발자국에 대해 알게 된 후 바람이의 하루가 어떻게 달라졌는지 한번 살펴볼까요?

> 탄소 발자국 줄이기 실천 D+3. 학교 끝나고 친구들과 카페에서 딸기 스무디를 마셨다. 텀블러에 담아 달라고 해서 300원 할인도 받았다. 요즘 내가 텀블러를 들고 다니니까 친구들도 같이 들고 다녀서 기분이 좋다. 간식도 플라스틱 없이 종이로만 포장된 샌드위치를 사 먹었다. 학원 끝나고 집에 오는 길에 떡볶이 냄새를 맡으니 배가 고파졌다. 동생과 집에서 반찬통을 들고 나가 떡볶이를 포장해 왔다. 매콤한 떡볶이를 먹으니 더워져서 창문을 열고 선풍기 바람을 쐬었다. 오늘 내가 줄인 탄소 발자국을 생각하니 뿌듯하다. 🌱

바람이는 일회용기 대신 텀블러와 반찬통 같은 다회용기를 사용하고, 에어컨 사용을 줄이기 위해 노력했네요. 우리도 바람이처럼 오늘 당장 할 수 있는 작은 실천부터 시작하면 어떨까요? '내가 과연 세상을 바꿀 수 있을까?' 하는 생각이 들 때는 주변을 둘러보세요. 바람이를 따라 텀블러를 들고 다니는 친구들이 생겼듯이, 지구 살리미 1명의 실천이 주변 사람들을 조금씩 변화시키고 있을 거예요!

꿀벌의 멸종이 인간에게 위험한 이유

2020년, 전 세계로 퍼져 나간 코로나19는 평범했던 일상을 순식간에 낯선 것들로 바꿔 놓았습니다. 마스크 없이 외출하고, 학교에 가서 친구들을 만나고, 친구들과 옹기종기 모여 떡볶이를 먹는 평범한 일상을 모두 포기해야 했지요. 온라인에서 처음 만난 선생님과 반 친구들과 어색하게 인사를 나눠야 했고, 집에 격리된 친구들로 인해 교실에는 언제나 빈 자리가 생겼어요.

전 세계는 코로나19의 원인에 대해 수많은 분석을 쏟아 냈습니다. 정확한 원인에 대해서는 아직까지도 의견이 엇갈리지만, 현재까지는 중국 우한의 수산·축산 재래 시장인 웻 마켓에서 시작됐다는 의견이 가장 많아요. 야생 동물들을 살아 있는 채로 거래하고 도축하는 곳이다 보니, 인간과 비인간 동물을 모두 감염시키는 인수 공통 감염병에 취약할 수밖에 없었겠지요.

코로나19는 박쥐 코로나바이러스가 진화해 천산갑 등의 동물을 거쳐 인간에게 왔을 것으로 추정되고 있어요. 이렇게 인간과 야생 동물이 접촉해 동물의 감염병이 인간에게 전파되는 것을 '스필 오버'라고 부릅니다. 스필 오버가 발생하면 백신을 개발해도 완전히 없애기가 어려워요. 동물에 남아 있던 바이러스가 언제든 다시 인간에게 전파될 수 있기 때문이죠.

한편 많은 학자는 코로나19의 근본적인 원인으로 기후 위기를 꼽아요. 왜 그럴까요? 온실가스로 뜨거워진 지구는 바이러스가 쉽게 변형되고 전파되기에 좋은 환경이 되거든요. 또한 기후 위기로 인해 야생 동물의 서식지가 줄어들면서 인간과 야생 동물의 접촉이 늘어났고요. 그러니 스필 오버가 발생할 확률도 증가하게 됐지요.

기후 위기를 해결하지 못한다면 앞으로 이러한 감염병은 더욱 늘어날 것이고 팬데믹의 발생 빈도도 잦아질 것이라는 분석이 많아요. 2100년까지 북극의 영구 동토층 3분의 2가 녹아 버릴 것이라는 예측도 있는데요. 고대 바이러스와 각종 화학 물질이 들어 있는 영구 동토층이 녹는다면, 치료 백신과 약이 개발되지 않은 바이러스가 코로나19보다 훨씬 심한 팬데믹을 일으킬 수도 있어요.

코로나19라는 아픈 경험을 통해 우리는 인간이 건강하려면 지구와 비인간 동물 모두 건강해야 한다는 사실을 배웠습니다. 인

코로나19 확산을
막기 위해
마스크를 쓰고
다니는 사람들.

간, 환경, 그리고 비인간 동물의 건강은 서로 연결돼 있기 때문인데요. 이를 '원헬스(one-health)'라고 부릅니다. 우리 모두의 건강은 각각 구분되는 게 아닌 하나로 연결돼 있다는 뜻이지요. 그렇다면 우리 모두의 건강이 어떻게 연결돼 있는지 더 자세히 들여다볼까요?

원헬스로 세상 바라보기

꿀벌을 예로 들어 설명해 볼게요. 꿀벌이 생태계에서 담당하고 있는 역할은 매우 중요합니다. 인간의 주요 식량으로 재배되는 100대 작물의 71%는 꿀벌의 도움 없이는 열매를 맺을 수 없고, 번식도 할 수 없거든요. 꿀벌이 없다면 인류의 식량 공급에는 커다란 문제가 생길 것이고, 농업 생산량도 줄어들어 경제적으로 큰 타격을 입게 될 거예요. 식물의 개체 수도 감소할 테니 지구의 산소도 줄어들겠지요. 결국 꿀벌의 멸종은 인류의 멸종으로 이어질 것입니다.

안타깝게도 지구 생태계의 생명 줄 같은 꿀벌의 수는 무서운 속도로 줄어들고 있습니다. 우리나라에서는 낭충봉아부패병이라는 전염병으로 수많은 벌이 죽는가 하면, 미국과 아프리카에서는 일벌들이 벌집을 떠났다가 다시 돌아오지 않아 벌집에 있던 여왕벌과 애벌레가 모두 죽는 벌집 군집 붕괴 현상이 일어났습니다.

그럼 꿀벌은 왜 사라지고 있을까요? 전문가들은 화학 살충제 남용과 기후 위기를 원인으로 지목하고 있어요. 꿀벌은 온도 변화에 민감한 변온 동물이라 이상 기후 현상이 더 잦아지고 더 심각하게 발생하면 환경에 적응하지 못하고 쉽게 죽고 말아요. 또한 기후 변화가 앞당긴 개화 시기와 줄어든 개화 기간 때문에 꿀벌이 식량을 채집할 수 있는 기간도 짧아져서 살아남기 힘들어졌지요.

이제 꿀벌과 우리의 관계가 얼마나 밀접하게 연결돼 있는지 이해했을 거예요. 그런데 꿀벌 같은 비인간 동물뿐만 아니라 우리가 잊지 말아야 할 또 다른 존재들이 있어요. 바로 지구 공동체에서 함께 살아가는 우리의 인간 동료들입니다. 지구 반대편에 사는 사람들의 건강은 우리의 건강과 어떻게 연결돼 있을까요?

코로나19 백신이 처음 개발됐을 때, 선진국들은 서둘러 백신을 확보해 높은 접종률을 만들었어요. 하지만 코로나19가 계속해서 변이하는 바람에 백신이 개발됐음에도 불구하고 쉽게 사라지지 않았죠. 델타 변이 바이러스와 오미크론 변이 바이러스는 모두 백신 수급에 어려움을 겪었던 인도와 아프리카에서 시작됐습니다. 선진국에서는 70% 넘는 인구가 1회 이상 백신을 맞았지만, 아프리카 극빈국에서는 최소 1회 백신을 맞은 인구가 약 3%밖에 되지 않았어요. 선진국과 극빈국의 코로나19 사망자 비율도 크게는 4배나 차이가 났어요. 결국 백신이 부족한 곳에서 시작된 변이 바이러스는 백신을 접종한 국가까지 번져, 전 세계가 장기화된 팬데믹으로 고통받았습니다.

이처럼 나 혼자만 잘 사는 세상은 결국 누구도 잘 살지 못하는 세상이 돼요. 혼자만 잘 살기 위해 앞서지 않고 다른 이들이 뒤처지지 않도록 나란히 걸어가는 일만이 다 함께 잘 살 수 있는 방법이에요.

여러분은 어떤 공동체에 속해 있나요? 대부분이 바쁜 도시 생활을 하는 현대 사회에선 마치 지구에 인간과 스마트폰만 있는 것처럼 느껴지는 하루가 많아요. 그렇게 하루를 보내다 보면 외롭게 느껴질 때도 있고요. 하지만 원헬스라는 렌즈로 세상을 바라보면, 지구에 사는 무수한 생명체가 서로 연결돼 있음을 느끼게 돼요.

우린 어릴 적부터 독립적인 것을 어른스러운 것으로, 의존적인 것을 어딘가 부족한 것으로 배우며 살아왔어요. 하지만 지구 공동체에서는 누구도 독립적일 수 없어요. 우리의 건강은 꿀벌에 의존하고, 꿀벌의 건강은 환경에, 그리고 환경은 인간의 행동에 달려 있죠. 우리 모두는 서로에게 기대어 살아갑니다.

오늘 내가 건강하게 하루를 보낼 수 있었던 건 나 혼자 잘 살아서가 아니라 다른 인간과 비인간 존재 덕분에 가능했던 거예요. 지구 공동체 속에서 다른 존재와 연결돼 있다는 걸 느낄 때, 우린 조금 덜 외로워질지도 몰라요.

기후 위기로
집을 잃은
사람들

물에 잠겨 사라지는 도시들

살던 동네를 떠나 이사한 적이 있나요? 정든 동네를 떠나는 건 쉽지 않은 일입니다. 익숙했던 동네 풍경과도 이별해야 하고, 친구들도 다시 볼 수 없게 되니까요. 새로운 학교로 전학을 가서 친구를 다시 사귀고, 낯선 환경에 적응하는 것도 힘든 일입니다. 이처럼 어느 날 갑자기 기후 위기 때문에 정든 동네를 떠나야 한다면 어떨까요?

2021년 유엔기후변화협약 당사국 총회에서 섬나라 투발루의 외교 장관인 사이먼 코페의 화상 연설이 큰 주목을 받았어요. 코페 장관은 허벅지 반쯤까지 물이 차오르는 바다에 들어가 연설을 진행했습니다. 기후 위기로 인한 해수면 상승으로 빠르게 물에 잠기고 있는 투발루의 현실을 알리기 위해서였지요. 코페 장관은

바다에서 연설하는 사이먼 코페 외교 장관.

"내일이 오길 바란다면 오늘 과감한 대안을 내놓아야 한다"라고 말하며 적극적인 기후 위기 대응을 호소했어요. 투발루는 해발 고도가 낮은 9개 섬으로 이루어졌으며, 인구는 1만 2,000여 명으로 전 세계에서 네 번째로 작은 나라입니다. 해수면 상승으로 이미 섬 2개는 물에 잠겼고, 기후 위기가 계속된다면 2100년에는 나머지 섬들도 모두 잠길 것으로 예측하고 있어요.

지금은 먼 나라의 일처럼 느껴지겠지만, 기후 위기로 삶의 터전을 잃는 '기후 난민'의 수는 빠르게 증가하고 있습니다. 유엔난민기구의 2021년 발표에 따르면 지난 10년 간 약 2억 1,000만 명이 홍수, 폭염, 가뭄, 폭풍, 해수면 상승 등으로 기후 난민이 됐어요. IPCC는 평균 기온 상승을 2℃ 안으로 유지해도 최대 60cm의 해수면 상승을 피할 수 없으며, 지금처럼 지구 온난화가 지속된다면 해수면 상승은 1m 이상이 될 거라고 예측했어요. 해수면 상승을 막지 못한다면 21세기 말에는 뉴욕, 상하이, 뭄바이, 베네치아 같은 도시들도 물에 잠길 거예요. 세계 인구의 41%가 해안가에 살고 있기 때문에 인류의 10%가 기후 난민이 될 것이란 예측도 있어요.

우리도 언젠가 기후 난민이 돼 정든 삶의 터전을 떠나야 할 수도 있습니다. 기후 난민 문제는 지구 공동체에서 벌어지고 있기에 우리 모두 관심을 가져야 하는 일이에요. 지구라는 지붕 아래 함께 살고 있는 다른 이들의 건강과 행복은 우리의 건강과 행복을 위한 필수 조건이기도 하니까요.

불공평한 기후 재난

안타깝게도 기후 재난은 모두에게 공평하지 않습니다. 사회 경제적으로 어려운 지역일수록 기후 재난에 취약해서 더 많은 기후 난민이 발생합니다. 대다수 극빈국이 아프리카, 중남미, 남아시아 등 지리적으로 이상 기후를 많이 경험하는 지역에 있어요. 이 국가들은 사회 기반 시설이 부족하기 때문에 재난 피해를 예방하거나 복구하는 것도 쉽지 않아요. 이를 '기후 불평등'이라고 부릅니다.

2022년에 발표된 IPCC 보고서 역시 가난한 지역의 기후 위기 피해가 더 크다는 사실을 보여 줬어요. 기후 위기가 취약한 지역에서 2010년부터 2020년까지 홍수, 가뭄, 폭풍으로 목숨을 잃은 사람들의 수는 다른 지역에 비해 15배 정도 더 높았어요. 지난 20년 동안 발생한 자연 재해의 90%가 기후 위기와 관련이 있는 것으로 분석되는데, 이로 인한 저소득 국가의 인명 피해는 선진국의 4배나 됐어요.

여기서 중요한 사실은, 기후 위기에 취약한 지역 국가들은 전 세계 이산화 탄소 배출량을 3%밖에 차지하지 않는 국가들이라는 점입니다. 선진국들은 전 세계 이산화 탄소 배출량의 80%에 책임이 있고, 전 세계 자원의 86%를 쓰고 있어요. 그런데 기후 위기로 인한 피해의 75%는 책임이 가장 적은 국가에 집중되고 있습니다.

우리는 연결된 세상에 살기 때문에, 불평등으로 인한 고통은 우리 모두에게 영향을 미칩니다. 기후 위기가 심해지면 기후 난민이 발생하는 국가도 늘어날 뿐만 아니라 주변의 선진국 역시 기후 난민을 수용하는 문제로 많은 사회적 혼란을 겪게 될 거예요.

이처럼 기후 난민은 모두의 문제임에도 불구하고, 공동 책임을 져야 하는 국제 사회의 노력은 아직 부족합니다. 무엇보다 기후 난민은 여전히 국제법상 난민에 속하지 않아요. 2013년 섬나라 키리바시 출신인 이와네 테이티오타는 뉴질랜드 대법원에 기후 난민 지위를 신청했지만 거부당했어요.

2020년 유엔 자유권규약위원회는 기후 변화로 삶의 터전을 떠난 이들을 강제로 본국으로 돌려보내는 것을 금지해야 한다고 했어요. 이는 기후 난민을 난민으로 인정하는 출발점이 됐어요. 그렇다고 테이티오타가 법적으로 난민 자격을 받은 건 아니었지요. 기후 난민과 관련된 국제법의 개정이 필요한 상황입니다.

지구가 서로 기대어 살아가도록 만들어진 이상, 다른 존재를 돌보는 것이 지구 공동체에서 살아가는 우리 모두의 역할입니다. 혼자 앞서기 위해 다른 이의 고통을 외면하는 것은 발전과 성장이라 불릴 수 없어요. 뒤처지는 이들이 없는 세상을 만들기 위한 노력이 더 멋진 발전과 성장이지 않을까요?

기후 우울증이 생각보다 위험한 이유

기후 위기 앞에서 무너지는 마음

사라지는 꿀벌, 6차 대멸종, 녹아내리는 빙하와 높아지는 해수면, 물에 잠기는 도시들, 기후 난민…. 기후 위기에 대해 더 잘 알고 싶어서 검색하면 할수록 마음이 점점 더 무거워집니다. 지구에서 얼마나 더 오래 살 수 있을지 모르겠다는 생각에 어떤 일에도 의욕이 생기지 않습니다. 일회용품 사용을 줄인다고 해도 지구 온난화를 막을 수 없을 거라는 생각에 무기력해집니다.

이렇게 기후 위기로 인해 무력감, 죄책감, 불안, 분노, 우울을 느끼는 것을 '기후 우울'이라고 합니다. 기후 불안, 환경 불안, 기후 슬픔 등 다른 이름으로 불리기도 해요. 아직 기후 우울에 대해 많은 연구가 이루어지진 않았지만, 미국심리학회에서도 환경 파괴에 대해 만성적인 두려움을 느끼는 상태를 '환경불안증(ecoanxiety)'이라 정의하고 있어요.

청소년을 비롯한 젊은 세대는 이전 세대보다 기후 우울을 더 많이 겪고 있어요. 이미 폭염과 폭우 등 이상 기후 현상과 팬데믹을 경험했거든요. 기후 위기가 생존과 안전의 문제로 다가오는 거예요. 또한 젊은 세대는 기후 변화 교육을 받은 경험도 많기 때문에, 기후 감수성도 풍부한 편입니다. 기후 위기의 심각성을 잘 알다 보니 이에 대해 더 자주, 깊이 생각하게 돼 기후 우울을 겪는 이들이 많아졌어요. 2021년 영국의 6개 대학에서 10개 국가의 청소년과 청년을 대상으로 실시한 조사에 따르면 45% 이상이 기후 위기에 대한 불안과 걱정이 일상생활에 영향을 미친다고 응답했어요.

우리는 기후 우울과 함께 잘 살아갈 수 있을까요? 과연 기후 우울로부터 우리의 일상을, 우리의 마음 건강을 지킬 수 있는 방법이 있을까요?

기후 우울과 건강하게 함께하기

지금부터 저, 거북 쌤의 이야기를 해 보려 해요. 2019년 4월, 저는 우연히 비거니즘에 대한 잡지를 읽으며 기후 위기의 심각성을 알게 됐습니다. 이전에는 기후 위기를 저와는 상관없는 일로 여기며 살아왔어요. 하지만 6차 대멸종에 대한 이야기를 접하며, 그해 겨울부터 지구 살리미가 되기로 다짐하고 비거니즘을 실천하고 있어요. 학교 급식에는 탄소 발자국이 많이 찍히는 동물성 식단이 빠지지 않기 때문에 비건 도시락을 싸서 출근해요. 일회용컵 사용을 줄이기 위해 텀블러를 쓰고요. 휴지 사용을 줄이고 싶어 손수건을 들고 다니고, 두유나 오트 우유(오트밀로 만든 식물성 우유)를 다 마신 후엔 멸균 팩을 일일이 펼쳐서 깨끗이 씻은 후 제로웨이스트 상점에 가져갑니다. 제가 가지고 간 멸균 팩은 재활용해 손수건이나 휴지를 만드는 회사로 간다고 해요.

　주변에서는 저를 보며 부지런하다고 말해요. 하지만 저는 대단한 사람도 아니고, 완벽한 사람도 아닙니다. 저도 매주 비닐과 플라스틱이 쌓인 분리수거 바구니를 보며 한숨을 쉬거든요. 또 자가용을 타기 때문에 많은 탄소 발자국을 남기고 있어요. 누구의 실천도 완벽할 수 없다는 사실을 알면서도, 처음엔 저의 행동이 지구에 미치는 부정적인 영향을 생각하며 죄책감에 빠지기 일쑤였어요. 텀블러를 깜빡해서 일회용 컵을 쓴 날엔, 꼼꼼하지 못한 자신이 싫었어요. 귀찮아서 도시락을 싸지 못한 날엔 배달 음식을 시켜 먹으며 부지런하지 못한 자신을 나무랐어요. 내가 지구에 남긴 흔적에 대한 죄책감, 기후 위기의 심각성을 외면하는 사람들에 대한 실망감, 지구의 미래에 대한 걱정이 제 마음을 가득 채우기 시작했어요. 내가 이렇게 노력해도 결국 지구의 평균 기온은 계속 상승하고, 수많은 생물종이 멸종하고, 수백만 명의 사람들은 기후 위기로 인해 삶의 터전을 잃을 것이란 생각에 무기력해졌어요.

그렇게 어둠 속을 헤매고 있을 때 '기후 우울'이란 용어를 알게 됐어요. 기후 위기로 인해 무기력하고 우울해지는 게 나만의 문제가 아님을 알게 되자 많은 게 달라졌어요. 제가 느낀 부정적인 감정과 무기력함을 미워하지 않고 받아들일 수 있게 돼, 기후 우울과 함께 살아가는 저만의 방법을 찾아가기 시작했지요.

　　가장 먼저, 찾아오는 감정들을 있는 그대로 받아들여야 합니다. 기후 위기에 대해 알아가며 느낀 우울과 불안, 죄책감은 자연스러운 감정들이에요. 자신이 지구 공동체의 일원이라는 사실을 깨닫는 경험은 환경과 동물, 인간 사이의 연결을 회복하는 과정이기 때문입니다. 나와 연결된 존재들이 아플 때 나 자신도 아픈 것은 당연해요. 그러니 이러한 과정을 나와 연결된 존재들을 느낄 수 있는 새로운 감각을 얻는 과정이라고 생각해 보면 어떨까요?

　　더불어 기후 우울이 기후 위기에 도움이 되는 태도가 아니라는 사실도 기억해야 합니다. 지구 살림을 오래 하려면 몸과 마음이 건강해야 해요. 무력함과 죄책감에 짓눌리면 금방 지쳐 버려서 지구 살림 생활을 이어 갈 수 없을 거예요. 그러니 너무 힘들다면 가끔은 죄책감을 덜어 내고 기후 위기와 거리를 두어도 괜찮습니다.

　　자신의 행동을 시험 문제처럼 채점하지 않는 태도도 중요합니다. 누구도 완벽할 수 없어요. 게을러져도, 실수해도 괜찮습니다. 다시 시작하면 됩니다. 주변 환경이나 정책 등 우리 노력으로 변화시킬 수 없는 게 있다는 사실도 기억해야 해요. 예를 들어 모든 가게에서 과일을 플라스틱 용기에 포장해서 파는데, 플라스틱을 썼다고 자책하는 것은 너무 가혹한 일이겠지요?

마인드 컨트롤을 스스로 척척 잘 해낸다면 얼마나 좋을까요? 하지만 대부분은 기후 우울을 극복하는 데 어려움을 느낄 거예요. 앞에서도 이야기했듯, 독립적인 게 꼭 어른스럽고 멋진 것만은 아닙니다. 지구가 서로에게 기대어 살 수밖에 없도록 만들어졌는걸요. 그러니 서로 의지하며 지구 살림을 해 나가는 게 훨씬 수월하고 즐거울 거예요.

혼자 기후 우울을 극복하기 어렵다면, 지구 살림 공동체를 만들어 보는 건 어떨까요? 소셜 미디어에서 텀블러 쓰기와 배달 줄이기 챌린지를 시작해 보는 등 환경에 관심 있는 친구들과 함께 실천을 공유하고 고민을 나눠 봐요. 나의 고민이 나만의 고민이 아님을 알게 되는 것만으로도 큰 힘이 될 수 있어요.

늦었다는 생각이 들 때, 아무것도 바뀌지 않을 것 같아 답답할 때, 완벽하지 않은 나의 실천이 실망스러울 때, 나침반을 떠올려 보세요. 나침반의 바늘이 조금씩 흔들리듯, 여러분의 실천 역시 흔들려도 괜찮습니다. 지구 살림이라는 방향만 잃지 않으면 되니까요.

모두를 위한
정의로운 변화
만들기

잠시 타임 머신을 타고 30년 전으로 돌아가 볼까요? 30년 전 풍경은 어떤 모습일까요? 핸드폰 대신 꼬불꼬불한 선이 달린 집 전화가 있고, 거리에는 파란색 공중 전화 부스가 있을 거예요. 노트북 대신 벽돌만큼 두껍고 무척 느린 컴퓨터가 있을 테고요. 이제는 모두 추억 속으로 사라져서 드라마에서만 볼 수 있는 장면들이죠.

그렇다면 30년 후, 2050년대는 어떤 모습일까요? 최신 기술이 적용된 지금의 스마트폰도 낡은 물건이 될 거예요. 인공 지능과 자율 주행, 사물 인터넷 기술이 더욱 발전해 일상을 크게 바꾸어 놓을 거고요. 그리고 무엇보다, 지구 살리미가 되면 '2050'이라는 숫자를 듣고 단어 하나가 딱 떠오를 거예요. 바로 '탄소 중립'이지요. 탄소 중립이란 인간의 활동으로 인한 온실가스 배출을 줄이고 흡수량을 늘려서 순배출량을 '0'으로 만드는 것을 말해요. 우리나라를 포함해 탄소 중립을 법으로 정한 국가들은 목표 연도를 2050년으로 제시했어요. 독일과 스웨덴은 5년 더 빠른 2045년을 목표 연도로 제시했답니다.

30년 전에 지금의 세상을 상상할 수 없었던 것처럼, 30년 후 우리의 일상이 어떻게 달라질지는 알 수 없어요. 하지만 한 가지 확실한 건 그 변화의 중심에 탄소 중립이 있다는 사실입니다. 재생 에너지의 비중은 크게 늘어 있을 것이고, 거리에 매연을 내뿜는 내연 기관 자동차는 보기 드물어지겠지요. 그 덕분에 온실가스 농도도 줄고, 지구 평균 기온이 상승하는 속도도 늦출 수 있을지 몰라요.

하지만 이런 저탄소 시대가 희망보다는 절망으로 느껴지는 사람들이 있습니다. 추억 속으로 사라지는 게 물건만이 아니기 때문입니다. 시대의 변화와 함께 누군가의 직업도 사라질 수 있거든요. 탄소 배출을 많이 한다는 이유로 어느 날 갑자기 내가 일하던 곳이 사라진다면 어떨까요? 탄소 중립이라는 변화를 반갑게 맞이할 수 있을까요? 당장 생계가 어려워지는 상황에서, 지구의 미래를 걱정할 여유가 있을까요?

이것은 실제로 많은 국가에서 고민하고 있는 문제이기도 합니다. 국제노동기구에 따르면 환경을 훼손하지 않고 지속 가능한 발전을 목표로 하는 '녹색 경제'로 전환될 경우 전 세계적으로 온실가스를 많이 배출하는 석탄 화력 발전, 내연 기관 자동차, 철강, 석유 화학 산업 등의 분야에서 600만 개 이상의 일자리가 사라질 수 있다고 해요. 우리나라에서만 2034년까지 석탄 발전소 30기가 폐쇄되면 약 8,000명의 노동자가 일자리를 잃을 수 있어요. 내연 기관 자동차의 생산이 중단되면 자동차 부품 관련 일을 하는 약 26만 명의 일자리가 불안정해질 수 있어요. 전기차에 필요한 부품과 내연 기관 자동차에 필요한 부품이 다르기 때문이에요.

온실가스를 많이 배출하는 산업일지라도, 누군가에겐 소중한 일터입니다. 모두 함께 손을 잡고 탄소 중립으로 나아갈 수 있는 방법은 없을까요?

누구 하나도 소외되지 않는 세상

기후 위기에 대응하기 위해 세계 각국이 온실가스 감축 목표를 세우고 탄소 중립을 선언하며 '정의로운 전환'이 중요한 주제로 등장했어요. 유럽연합은 2027년까지 정의로운 전환 기금을 마련해 노동자와 지역 사회를 지원하기로 약속했지요. 그렇다면 정의로운 전환이란 무엇일까요?

1978년 미국 나이아가라에서 발생한 '러브 운하 사건'은 환경 오염에 대한 경각심을 갖게 해 줬어요. 나이아가라 폭포를 보호하기 위해 러브 운하 건설이 중단되자 그 주변에는 2만t이 넘는 유해 화학 물질이 불법으로 묻혔습니다. 30년이 지나자 끔찍한 토양 오염이 여기저기서 나타났어요. 주민들은 피부병, 천식, 심장 질환 등 여러 질병을 앓았고, 나무들은 말라 죽었어요. 결국 주민들은 그 지역을 떠나야 했습니다. 이 사건 이후 미국에선 환경을 위해 화학 물질 산업에 대한 규제를 강화하기 시작했어요. 그 결과 화학 산업에 종사하던 많은 노동자가 일자리를 잃었지요. 환경 보호와 노동자의 일자리 모두 중요한 가치지만, 이 둘은 결코 손잡을 수 없는 자석의 양극 같아 보였어요. 바로 이때 미국 석유·화학·원자력 노동조합(OCAW)에서 활동하던 토니 마조치가 환경과 노동자 모두를 보호할 수 있는 방법을 제안했어요. 그게 바로 '정의로운 전환'입니다.

러브 운하 오염에 관해 지역 주민이 시위를 벌이고 있는 모습.

정의로운 전환이란, 경제가 바람직한 방향으로 전환하는 과정에서 타격을 입는 업종과 지역에게 정의로운 방식으로 변화를 이루어야 한다는 개념이에요. 예를 들어 탄소 중립 정책으로 실업 문제가 생기면, 실업 위기에 처한 노동자들이 다른 일자리를 가질 수 있도록 교육을 제공하는 등 국가에서 도움을 주는 것이지요.

모두를 위한 변화가 무엇인지 함께 고민해야 해요. 어떤 방법도 완벽할 수 없기 때문에, 탄소 중립을 이루는 과정에서 언제나 소외되는 이들이 생길 수 있습니다. 그러니 지구 공동체의 일원으로서 소외되는 사람들이 가능한 적은 방향에 대해 함께 머리를 맞대고 고민해야 합니다.

100년 뒤 미래 사회를 그려 보라고 할 때, 여러분은 어떤 그림을 완성하고 싶나요? 어떤 친구들은 아직 상상 속에만 존재하는 첨단 기술과 기계들로 둘러싸인 세상을 그릴 겁니다. 지구 살리미인 우리는 어떤 그림을 그릴 수 있을까요? 정의롭게 전환된 탄소 중립 세상을 상상해 보는 것은 어떨까요? 환경도, 인간도, 비인간 동물도 소외되지 않는 세상의 그림을 한 조각씩 함께 그려 봐요.

우리가 할 수 있는 일 ①

탄소 발자국 줄이기

스웨덴의 기후 운동가 그레타 툰베리는 2018년, 학교에 가지 않고 국회 의사당 앞에 앉아 기후 위기의 심각성을 알리는 시위를 시작했어요. 학교에 가는 것보다 기후 위기를 위해 목소리를 내는 게 더 중요하다는 툰베리의 말에 점차 많은 사람이 공감하며 동참했고, 이 시위는 '미래를 위한 금요일(Fridays for Future)'이라는 이름으로 전 세계적인 환경 캠페인이 됐어요.

2019년 9월 유엔기후행동정상회의에서 연설을 하게 된 툰베리는 탄소 발자국을 줄이고자 미국까지 비행기를 타지 않고 태양열 전지 요트로 대서양을 4,800km 항해하는 도전을 했어요. 기후 위기를 위해 노력하자는 말에 그치지 않고 몸소 실천하는 툰베리의 도전은 많은 사람에게 큰 영감을 줬습니다.

우리가 툰베리처럼 요트를 타고 바다를 건너기는 쉽지 않겠지만 일상 속에서 탄소 발자국을 줄이기 위해 노력할 수 있는 방법들은 다양합니다. 비록 작은 실천이지만, 모두의 작은 실천이 모인다면 결코 작지 않은 변화를 만들 수 있을 거예요.

먼저 다음의 QR 코드를 통해 자신의 탄소 발자국을 계산해 볼까요? 우리 집의 전기 사용량은 한국전력공사의 스마트 한전 앱이나 관리비 고지서, 혹은 계량기에서 확인할 수 있어요. 앞에서 살펴본 것처

럼, 이 계산기에 포함되지 않는 탄소 배출도 무척 많
다는 사실도 잊지 말고요!

스마트 한전
앱

일상 생활에서 탄소 발자국 줄이는 방법

① 쓰지 않는 전자 기기 코드 뽑기

 교실 뒷정리 다 했나요? 아! 구름, 거기 공기 청정기 코드도
뽑아 줄래요?

 전원 껐는데 코드도 뽑아요?

 사용하지 않고 코드를 꽂아만 둬도 대기 전력이 흐르니까요.

 그래도 엄청 적은 양 아닌가요?

 티끌 모아 태산인걸요! 전자 기기 하나당 평균 대기 전력
이 약 2.01W인데, 전원 코드 뽑기를 습관화하면 1년에 약
12.6kg의 탄소를 절감할 수 있어요. 기술이 발전하며 전자 기
기의 대기 전력도 줄고 있으니, 새로운 기기를 살 때 대기 전력
소모가 낮은지 알아보면 좋겠지요?

 오 그렇구나! 이제 외출하기 전에 전원 코드 뽑는 습관을 들
여야겠어요!

② 전자 기기 화면을 다크 모드로 바꾸기

쌤, 노트북 화면이 왜 그렇게 어두워요? 눈 아플 것 같아요.

화면을 다크 모드로 설정했거든요! 눈도 더 편하고 탄소 발자국도 줄일 수 있어요!

다크 모드로 하면 탄소 발자국이 줄어든다고요?

노트북을 10시간 사용할 때 약 258g의 탄소가 배출돼요. OLED 노트북이나 스마트폰 화면을 다크 모드로 바꾸면 25~30%의 전력 소비를 줄일 수 있어요. 배터리도 더 오래가고 눈의 피로도 적어진다고 하니, 마당 쓸고 동전 줍는 일이지요?

이렇게 간편한 방법으로 에너지를 아낄 수 있다니, 지금 바로 다크 모드로 바꿔야겠어요!

③ LED 조명으로 교체하기

얼마 전에 교실 조명을 LED로 교체해서 그런지, 훨씬 더 밝아진 것 같아!

그치? LED가 수명도 더 길대!

LED 조명은 탄소 발자국도 줄여 준답니다. 유럽연합 회원국의 조명 23억 개를 LED 조명으로 교체할 경우 5,090만t의 탄소 배출을 줄일 수 있다고 해요. 조명은 전 세계 전력 소비량의 약 15%를 차지하기 때문에, 조명에서 탄소 발자국을 줄이는 건 매우 중요한 일이에요.

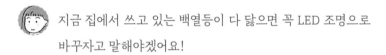 지금 집에서 쓰고 있는 백열등이 다 닳으면 꼭 LED 조명으로 바꾸자고 말해야겠어요!

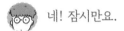 ④ 이메일 지우기

 여러분, 제가 방금 이메일을 하나 보냈는데 확인해 볼래요?

네! 잠시만요.

구름이는 메일함을 자주 비우나요?

아뇨… 안 읽은 메일도 엄청 많은걸요… 헤헤.

그러면 그동안 탄소 발자국이 많이 찍혔겠네요.

이메일이랑 탄소 배출이 관련이 있나요?

이메일은 데이터인데, 이 수많은 데이터를 저장하는 '데이터 센터'라는 곳이 있어요. 데이터 센터를 운영하려면 많은 양의 에너지가 필요해요. 우리나라 사람들의 스팸 메일을 저장하는 데만 매년 1,700만t의 이산화 탄소가 발생하고요. 전 국민이 불필요한 메일 50통씩만 지워도 서울에서 제주를 비행기로 네 번 왕복하고도 남는 양의 탄소 배출을 절약할 수 있다고 해요.

 이렇게 간단한 방법으로 탄소 발자국을 줄일 수 있다니! 메일함을 당장 비워야겠어요!

⑤ 검색 기록 저장 기능 끄기

 바람아, 어제 거북 쌤이 추천해 준 책 제목이 뭐였더라?

 어제 검색하지 않았어? 검색 기록에 있겠지!

 아, 나는 검색 기록 저장을 안 해서.

 그 편한 기능을 왜 안 써?

 데이터 추적을 금지하거나 검색 기록 자동 저장을 꺼 두는 것도 탄소 발자국을 줄일 수 있다고 하더라고! 개인 정보나 검색 기록도 이메일과 마찬가지로 데이터니까.

 아하, 그렇구나! 그럼 나도 지금 설정해야겠다!

쓰레기를 태우면서 발생한 오염 물질을 이 필터로 걸러서 내보낸답니다!

분리수거만 잘하면 될 줄 알았는데.

잘 들여다보면, 우리 일상에서 쓰레기를 남기지 않는 순간이 드물어요.

히히

수북

헤헤

꺼억~

가자

이 많은 쓰레기를 다 어떻게 하면 좋죠?

지구에서 쓰레기를 만들지 않고 살 수 있을까요?

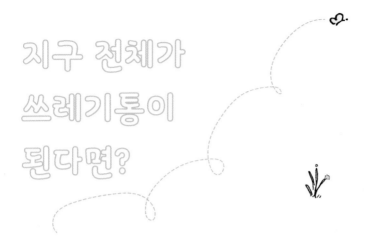

지구 전체가 쓰레기통이 된다면?

지구의 생명은 흙에서 탄생해 흙으로 돌아갑니다. 평생 바쁘게 일했던 개미들, 하늘을 자유롭게 날던 새들, 그리고 우리 인간들 모두 생을 다한 후엔 흙으로 돌아가 새로운 생명을 탄생시키기 위한 자양분이 됩니다. 하지만 자연의 순환에서 벗어나 편히 눈 감지 못하고 유령이 돼 지구를 떠돌고 있는 존재들이 있습니다. 바로 쓰레기입니다. 지구에는 쓰레기 유령들이 맴도는 공동묘지가 엄청나게 늘어나고 있어요.

우리나라에는 세계에서 단일 면적으로는 가장 큰 쓰레기 매립지가 있습니다. 인천시, 서울시, 경기도 일부의 쓰레기가 모이는 '수도권 매립지'입니다. 여의도의 6배에 달하는 이 거대한 쓰레기 공동묘지에는 매일 평균 약 1만t의 쓰레기가 들어와요.

지난 30여 년간 수도권 매립지에 모인 쓰레기의 총량은 1억 5,000t에 이릅니다. 1992년부터 사용한 제1매립장은 2000년까지 6,400만t을, 축구장 520여 개 크기인 제2매립장은 2000년부터 2018년까지 8,000만t을 매립한 후 사용이 종료됐어요. 2018년 새로 지어진 제3-1매립장은 2024년 6월 기준으로 60%를 사용했어요. 인천시는 제3-1매립장의 사용 종료 시기를 2025년으로 발표했는데, 정책이 바뀌어 수도권 매립지로 들어오는 쓰레기가 감소하자 포화 예상 시기를 늦췄어요. 그러자 악취와 먼지로 고통을 호소하는 지역 주민들과 수도권 매립지 사용을 연장해 달라는 수도권 사이의 갈등이 계속되고 있어요.

쓰레기 처리 문제로 골치가 아픈 것은 우리나라만이 아닙니다. 2018년 세계은행 보고서에 따르면 인류가 한 해 동안 내다 버린 쓰레기는 20억t이 넘습니다. 가장 큰 문제는, 쓰레기 배출 역시 탄소 배출과 마찬가지로 기울어진 운동장 위에 쌓이고 있다는 점이에요.

고소득 국가는 저소득 국가에 비해 40배 이상 더 많은 쓰레기를 배출하고 있어요. 그래서 고소득 국가는 엄청난 양의 쓰레기를 저소득 국가에 수출하고 있습니다. 폐기물 관리 규제가 약한 저소득 국가에 쓰레기를 수출해 당장 자신들의 눈앞에서 치워 버리는 거지요. 2020년 인도네시아, 말레이시아, 캄보디아, 태국 등 저소득 국가가 고소득 국가로부터 수입한 폐플라스틱은 160만t이

수출 대기 중인 쓰레기.

었어요. 중국은 2017년 폐플라스틱 수입을 중단하기 전까지만 해도 세계 재활용 폐기물의 50% 이상을 수입했어요. 저소득 국가는 주민의 건강과 환경 문제 등 고소득 국가가 만든 쓰레기의 피해를 고스란히 떠안고 있어요.

청소해서 깨끗해진 방을 보면 마음도 개운해지죠. 하지만 우리집 쓰레기만 치우면 그만일까요? 집안 살림을 하듯이 지구도 살림하며 잘 가꿔야 하지 않을까요? 지구 살리미로서 버려진 쓰레기는 어디로 가는지, 지구 전체가 거대한 쓰레기통이 되지 않으려면 어떻게 해야 하는지에 대해 관심을 가져야 해요.

쓰레기의 험난한 여정을 따라서

버려진 쓰레기는 어디로 갈까요? 집 앞 쓰레기 수거장에 커다란 트럭이 도착해 종량제 봉투에 담긴 쓰레기들을 가져가요. 이렇게 트럭에 오른 쓰레기의 운명은 크게 소각과 매립 두 가지로 갈려요. 그 과정에서 자원 회수 시설 또는 중간 집하장이라는 정류장을 거치거나 압축 차량에 실려 바로 매립지로 가기도 해요.

자원 회수 시설에 도착한 쓰레기들은 음식물이나 재활용이 가능한 것들이 섞여 있는지 검사를 받아요. 검사를 통과한 쓰레기는 잘게 부수고 습기를 없애는 '균질화' 과정을 거쳐요. 균질화된 쓰레기는 약 1000℃의 고온에서 태워져요. 이때 발생한 열은 전기 생산과 지역 냉·난방으로 재활용되기도 해요.

태운다고 쓰레기가 모두 사라지는 건 아니에요. 타고 남은 '소각재'가 발생하기 때문입니다. 그중 '바닥재'로 불리는 철과 유리 등은 재활용돼 보도블록의 원료가 되기도 해요. 또 다른 소각재로 납이나 수은 등 중금속 함량이 높은 '비산재'가 있어요. 비산재는 유해 물질이기 때문에 재활용 후 남은 바닥재와 함께 매립지로 향합니다.

매립지에 오는 쓰레기는 우리가 버리는 생활 폐기물의 절반 정도예요. 중간 집하장에서 압축 과정을 거친 쓰레기와 소각재가 모두 이곳에 모입니다. 이 쓰레기들을 매립지 위에 얇게 펼치고 납작하게 눌러 다진 뒤 악취와 먼지, 가스 배출로 인한 화재를 방지하기 위해 땅속에 묻어요.

소각되거나 매립된 쓰레기는 환경 오염이라는 유령이 돼 지구를 맴돌고 있습니다. 소각하면 다이옥신 등 유해 물질이 대기로 배출되고, 매립하면 썩는 과정에서 침출수와 매립 가스를 발생시키거든요. 물론 소각장과 매립지는 쓰레기를 안전하게 처리하기 위한 시설을 갖추고 있어요. 소각 시설은 유해 물질을 최소화시켜서 내보내고, 매립 시설은 침출수가 지하수로 흘러가지 않도록 처리장에 모아 정화시킵니다. 매립 가스도 밖으로 새지 않도록 모아서 전기를 생산하는 데 사용하고 있고요. 그런데도 불구하고 소각과 매립 모두 환경 오염과 무관하지 않습니다. 수도권 쓰레기 소각

시설 40곳에서 2019년에만 질소 산화물, 일산화 탄소, 염화 수소 등의 대기 오염 물질이 무려 104만kg 이상 배출됐어요. 이 오염 물질들은 대부분 폐비닐과 폐플라스틱에서 발생해 미세 먼지의 주범이 되고 우리의 건강을 위협해요.

바다에 버려지는 쓰레기도 많아요. 법적으로 우리나라는 바다에 폐기물을 배출하는 것을 금지하고 있습니다. 하지만 1988년부터 육지에서 처리가 곤란한 일부를 동해와 서해에 버리는 것을 허용하고 있어요. 2021년 한 해에만 5t이 넘는 쓰레기가 바다에서 발견됐고, 그중 2.8t은 플라스틱이었어요.

우리나라의 연간 쓰레기 배출량은 2023년 기준 1억 7,619만t입니다. 한 사람이 하루에 버리는 생활 폐기물은 1.22kg이고요. 지구를 거대한 쓰레기 무덤으로 만들지 않기 위해 적게 버리고, 잘 버리는 지구 살림 실천으로 무엇이 있을까요?

올바른
분리배출
연습하기

분리배출 상식 퀴즈!

1. 페트병의 병뚜껑은 분리해서 따로 배출한다. (O / X)

2. 플라스틱 빨대는 재활용할 수 있다. (O / X)

3. 다 먹은 과자 봉지는 반듯하게 접어서 버린다. (O / X)

　문제를 다 풀었으면 정답을 살펴볼까요? 1번의 정답은 'X'입니다. 병뚜껑을 닫아서 버리는 게 정확한 방법이에요. 재활용 과정에서 병뚜껑끼리 따로 모으거든요. 같은 색끼리 모으면 재활용이 가능해요. 2번의 정답은 'X'입니다. 플라스틱 빨대는 깨끗하게 씻어서 버려도 재활용할 수 없어요. 3번의 정답도 'X'입니다. 과자 봉지를 접어서 버리면 선별장에서 일일이 펼쳐야 하기 때문에 오히려 작업에 방해가 돼요. 봉지 안에 들어 있는 과자 가루를 깨끗이 털고 잘 펼쳐서 버리는 게 좋아요.

플라스틱, 어떻게 배출해야 할까?

플라스틱은 '모양을 만들다' '주조하다'라는 의미의 그리스어 '플라스티코스(plastikos)'에서 이름을 따 왔습니다. 석유를 가공해서 만든 플라스틱은 어떤 색이든 어떤 모양이든 쉽게 만들 수 있는 데다 튼튼하기까지 해서 아주 다양한 곳에 쓰이지요. 우리 일상에서 빼놓을 수 없는 플라스틱은 어떻게 배출해야 할까요?

① 분리배출 표시 마크 확인하기

단단하고 불투명한 게 특징인 HDPE는 고밀도 폴리에틸렌을 뜻해요. 페트병 뚜껑, 우유 통, 샴푸 통에서 흔히 볼 수 있지요. LDPE는 저밀도 폴리에틸렌인데, 말랑말랑하고 투명해서 지퍼백이나 포장 비닐 등에 쓰여요. 폴리프로필렌을 뜻하는 PP는 열에 강하기 때문에 뜨거운 음식을 포장할 때 쓰이고, 전자레인지에 돌릴 수 있어요. 반면 PS과 PET는 열에 약해서 차가운 음료를 담거나 일회용컵 뚜껑으로 쓰여요. 폴리염화비닐을 뜻하는 PVC는 재활용이 어렵고 다이옥신과 중금속 등을 배출하기 때문에 우리나라에서는 2019년 12월 25일부터 포장재로 사용하는 걸 금지하고 있어요. OTHER는 그 외에 다른 재질로 만들어졌거나 둘 이상이 혼합된 재질을 뜻해요. 우리 주변에서는 즉석 밥 용기와 화장품 용기에서 OTHER 표시를 찾을 수 있어요. 안타깝게도 이 플라스틱 역시 재활용이 불가능해요. 분리배출하면 오히려 재활용에 방해가 되기 때문에 일반 쓰레기로 배출해야 합니다.

② 깨끗이 씻어서 종류에 따라 분리해서 버리기

이물질이 남아 있으면 재활용이 어렵기 때문에 사용한 플라스틱은 깨끗이 씻어서 버려야 해요. 또한 하나의 제품에 여러 소재의 플라스틱이 사용됐을 경우 분리해서 버려야 재활용이 가능합니다. 예를 들어 화장품이나 샴푸 용기의 경우 펌프, 뚜껑, 통의 재질이 각각 다른 경우가 많아요. 펌프는 재활용이 어렵기 때문에 일반 쓰레기로 버리고, 통은 깨끗이 씻어서 분리배출해야 합니다.

③ 분리배출해야 한다고 착각하기 쉬운 일반 쓰레기

즉석 밥 용기처럼 재활용이 될 거라 생각했지만 되지 않는 것에는 또 무엇이 있을까요? 볼펜, 빨대, 칫솔처럼 작은 플라스틱은 재활용 가치가 없어서 분리배출해도 결국 선별장에서 일반 쓰레기로 처리됩니다. 음료를 담을 때 쓰는 플라스틱 컵 역시 대부분 재활용이 되지 않아요. 현재는 대부분의 플라스틱 컵이 PET 단일 소재가 돼 재활용 가능성이 높아졌지만 겉면에 인쇄를 하면 재활용 가능성이 낮아져요. 그러니 재사용이 가능한 텀블러를 가지고 다니는 게 좋겠지요?

(비닐, 어떻게 배출해야 할까?)

비닐 봉투가 영어로 'plastic bag'인 것에서 알 수 있듯이, 비닐 역시 플라스틱에 속합니다. 그래서 비닐의 분리배출 기호도 플라스틱과 같은 종류들로 나뉘어 표시돼 있어요. 그런데 비닐과 플라스틱 배출은 조금 달라요. 플라스틱과 달리 비닐은 믹스커피 봉지처럼 조그만 것도 재활용이 가능하고, OTHER도 재활용이 가능해서 모두 분리배출해야 합니다.

음식을 포장한 비닐에는 스티커가 붙어 있는 경우가 많아요. 플라스틱처럼 비닐도 스티커를 제거해야 재활용이 가능해요. 스티커가 잘 떼어지지 않는다면 스티커가 붙은 부분을 오려 내 일반 쓰레기에 버리고 나머지 비닐을 분리배출해요. 지퍼백의 경우 지퍼 부분을 따로 제거하지 않고 비닐로 분리배출하면 됩니다.

종이, 유리, 캔, 어떻게 배출해야 할까?

종이류는 위의 이미지처럼 세 가지의 표기가 있어요. 우유 팩처럼 안쪽이 하얀 게 일반 팩이고, 안쪽에 반짝이는 회색 비닐이 씌워진 두유 팩 등이 멸균 팩에 해당돼요. 이 일반 팩과 멸균 팩은 종이와 따로 분리배출해야 하는데, 일반 팩과 멸균 팩 전용 수거함이 있는 곳은 매우 드물어요. 대신 지역마다 '제로웨이스트 상점' 혹은 '자원 회수 센터'가 생겨나고 있어요. 이곳에 모아 둔 일반 팩과 멸균 팩을 가져가면 재활용해 휴지나 손수건을 만드는 회사로 보낸다고 해요. 그러니 조금 귀찮고 힘들겠지만 시간을 내서 제로웨이스트 상점이나 자원 회수 센터를 한번 방문해 보는 건 어떨까요?

택배 상자를 버릴 때는 송장 스티커와 비닐 테이프를 잘 제거해서 배출해야 합니다. 이물질이 묻은 종이나 미끈하게 코팅된 종이,

잘게 파쇄된 종이도 재활용이 되지 않으니 일반 쓰레기로 버려야 해요.

유리와 캔은 재활용률이 높은 편입니다. 둘 다 깨끗이 씻어 배출하는 건 기본이겠지요? 단, 유리병은 페트병과 달리 뚜껑을 분리해서 배출해야 해요. 깨진 유리나 전구, 거울은 유리로 분리배출하지 않고 신문지로 안전하게 싸서 일반 쓰레기로 버려야 합니다. 알루미늄 캔은 눕혀서 옆면을 밟아서 버려야 선별이 잘 돼요.

우리가 쓴 물건의 마지막까지 책임지는 일

지금까지 올바르게 분리배출하는 방법을 알아봤어요. 평소에 알던 것과 다른 내용이 많지요? 헷갈리기도 하고 기억하기도 힘드니 올바른 분리배출이 귀찮게 느껴질 수도 있어요. 또 길거리에 엉망으로 버려진 쓰레기들을 보면 '나 혼자 열심히 한다고 얼마나 달라질까?' 싶기도 하고요. 하지만 분리배출은 우리가 마땅히 힘과 시간을 들여야 하는 중요한 일입니다. 쉽게 쓰고 쉽게 버리면 지구 전체가 쓰레기 유령의 공동묘지가 될 테니까요. 물건을 쓰고 버리는 일을 가볍게 여기며 지구에 쓰레기를 쌓는 것보다 열심히 분리 배출하며 우리가 쓴 물건의 마지막까지 책임을 다하는 모습이 훨씬 멋지지 않나요?

아무리 열심히 실천해도 완벽할 수 없어요. 오히려 실수할 수도 있죠. 하지만 그것을 실패라고 부를 필요는 없어요. 오늘 우리가 바람을 맞으며 숨을 쉬고 햇살을 볼 수 있었던 건 모두 지구 덕분이라는 사실을 매일 떠올리는 게 더 중요하니까요. 평범한 일상 속에서 지구를 잘 가꾸고 싶은 마음이 문득 일렁인다면, 여러분은 이미 충분히 멋진 지구 살림을 해내고 있는 중입니다.

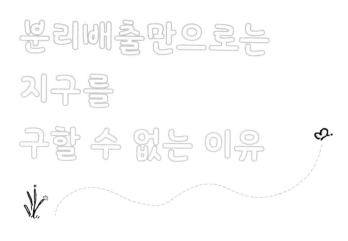

분리배출만으로는 지구를 구할 수 없는 이유

쓰레기 어택!

2018년 3월 영국 테스코 마트의 한 지점에서 몇몇 사람이 구매한 식료품의 플라스틱 포장을 벗기기 시작했습니다. 이들은 포장을 모두 벗기며 소비자에게 원치 않는 플라스틱을 구매하지 않을 권리를 달라고 외쳤습니다. 이 '플라스틱 어택'은 소셜 미디어를 타고 전 세계로 퍼지며 많은 사람의 공감을 얻었어요. 마트에서 파는 채소와 과일은 늘 비닐이나 플라스틱 안에 담겨 있고, 아이스크림을 사면 플라스틱 스푼을 같이 받고, 롤케이크 상자 안에 플라스틱 빵 칼이 들어 있는 걸 보고 다들 한 번쯤은 답답했던 경험이 있었기 때문이지요. 플라스틱 없이는 물건을 살 수 없는 세상에선 개인의 노력에 한계가 있을 수밖에 없어요.

우리나라 환경 단체에서도 지금까지 다양한 종류의 '쓰레기 어택'을 펼쳤어요. 버려진 일회용 음료 컵을 주워 카페에 돌려주는 플라스틱 컵 어택을 비롯해 정수기 필터, 플라스틱 빵 칼, 아이스크림 스푼, 죽 가게의 용기를 모아서 일회용품 사용을 줄여 달라는 편지와 함께 업체에 보내는 캠페인에 많은 시민이 동참했어요.

소비자들이 목소리를 내자, 변화가 생기기 시작했습니다. 환경부에서는 마트의 과대 포장 방지를 위한 대책을 마련했어요. 한 정수기 업체는 고객들이 사용한 정수기 필터를 자발적으로 회수하는 프로그램을 도입했어요. 한 베이커리 업체는 케이크를 구매할 때 원하는 소비자에게만 빵 칼을 제공하기로 했고요.

이 시점에서 분리배출을 올바르게 하기 위해 열심히 공부한 지구 살리미들에게 의문점이 생길 수도 있겠네요. 분리배출만 잘하면 되는 거 아닌가? 왜 기업에게 플라스틱 사용을 줄여 달라고 요구하지? 그 질문에 대한 답은 재활용의 숨겨진 진실 속에 있어요.

재활용의 숨겨진 진실

우리나라가 재활용 선진국이라는 이야기를 들어 본 적이 있나요? 2020년 우리나라 생활 폐기물의 재활용률은 59.5%인데, 2018년 OECD 국가의 재활용률 평균인 24.8%와 비교해 보면 아주 높죠. 다른 선진국보다 훨씬 잘하고 있으니 안심해도 되는 걸까요? 안타깝게도 그렇지 않아요. '재활용률'은 우리가 흔히 생각하는 재활용과는 조금 다르거든요.

여러분은 '재활용'이라고 할 때 어떤 장면이 떠오르나요? 플라스틱을 한곳에 모아 잘게 쪼개고, 열로 녹여 다시 새로운 플라스틱으로 재탄생시키는 모습이 떠오르지 않나요? 하지만 실제 재활용 방법은 이런 상상 속 장면과는 많이 달라요.

재활용 방법에는 '물질 재활용'과 '에너지 회수 재활용'이 있어요. 방금 우리가 떠올렸던 장면은 물질 재활용에 해당되는데, 우리나라의 물질 재활용률은 20% 안팎으로 추정돼요. 우리가 뿌듯해한 재활용률 60%라는 숫자와 재활용의 현실은 거리가 멀지요? 많은 국가에서는 물질 재활용만을 재활용률에 포함시키기 때문에 우리나라의 재활용률이 높아 보이는 것뿐이에요.

그렇다면 에너지 회수 재활용은 무엇일까요? 간단히 말해 쓰레기를 태워 에너지로 만드는 것입니다. 플라스틱은 석유로 만들어졌기 때문에 태우면 많은 열이 발생해요. 에너지 회수 재활용은 이 열을 직접 사용하거나 플라스틱을 태워 연료의 형태로 만드는 거예요. 이 연료는 'SRF 고형 연료'라고 불리는데, 석탄처럼 태워서 에너지원으로 쓸 수 있어요. 소각하거나 매립하는 것보다 훨씬 나은 방법이죠. 하지만 폐플라스틱을 고형 연료로 만드는 데 에너지가 또 쓰일 뿐만 아니라 유해한 대기 오염 물질을 배출시키고 미세 먼지를 일으켜요. 이로 인한 지역 주민의 건설 반대도 있어 고형 연료를 만드는 소각장을 충분히 지을 수도 없어요.

플라스틱을 전부 물질 재활용하면 안 되냐고요? 물질 재활용을 하려면 같은 재질끼리 모아야 하고, 아주 깨끗이 세척해야 해요. 하지만 완벽하게 세척하기란 쉽지 않은 일이죠. 또 물질 재활용을 반복하다 보면 불순물이 들어가게 돼요. 결국 물질 재활용을 반복하면 품질이 떨어지기 때문에 무한히 재활용할 수 없어요.

이러한 문제들을 해결하기 위해 플라스틱을 지속 가능한 방법으로 만들려는 노력도 있어요. 미생물이나 효소로 분해할 수 있는 '생분해 플라스틱'이나 사탕수수와 옥수수 등으로 만든 '바이오 플라스틱'이죠. 생분해 플라스틱은 말 그대로 분해가 가능하고, 식물성 플라스틱은 생산과 폐기 과정에서 남기는 탄소 발자국이 적어요. 이러한 플라스틱은 빨대나 비닐봉투 등에 점차 많이 쓰이고 있어요.

하지만 생분해 플라스틱도 이롭다고 할 수만은 없어요. 생분해 플라스틱이 분해되려면 6개월 동안 온도 58℃ 이상, 수분 70% 이상이 필요해요. 자연에서는 이 조건을 갖추기 어렵기 때문에 별도의 처리 시설이 필요하죠. 그러나 대부분의 생분해 플라스틱은 별도의 처리 시설로 가지 않고 소각되고 있어요.

기업에선 '생분해'라는 이름을 앞세워 환경에 무해하다는 인상을 심어 주며 생분해 플라스틱을 많이 사용하고 있어요. 이렇게 친환경적인 이미지만 앞세우는 '그린 워싱' 마케팅을 비판적으로 바라볼 필요가 있어요. 처리 시설도 갖추지 않은 상태에서 생분해

플라스틱 쓰레기 더미 위를 헤엄치는 바다거북.

플라스틱을 마음껏 사용하고 버린다면 지구에 결코 이롭다고 할 수 없으니까요.

코로나19 유행이 시작된 2020년에는 서울 시민 1명이 플라스틱을 하루 평균 236g 배출했는데, 서울 시민 전체로 따지면 5t짜리 트럭 742대가 있어야 옮길 수 있는 양입니다. 버려진 비닐봉지가 지구를 떠도는 시간은 500년 이상이지만, 비닐봉지의 평균 사용 시간은 단 25분에 불과합니다. '재활용 잘하면 되겠지' 하며 편리함을 위해 쓰고 버린 플라스틱은 환경 오염과 기후 위기로 우리 앞에 다시 나타나고 있어요.

결국 기업과 개인 모두가 플라스틱을 적게 만들고 적게 쓰기 위해 노력해야 합니다. 편리함과 지구의 미래라는 두 선택지 앞에서 망설여질 때, 지구를 선택하는 순간이 차곡차곡 쌓여 지구 살림이 이루어진다는 사실을 잊지 말자고요!

내가 남긴
음식은
어디로 갈까?

(습관처럼 남기는 음식)

과학과 기술의 발달 덕분에 우리는 먹을거리가 넘쳐나는 세상에 살고 있습니다. 24시간 열린 편의점에는 값이 저렴하고 유통 기한도 긴 가공 식품이 수두룩하게 진열돼 있고, 거리에는 다양한 먹거리를 맛볼 수 있는 식당과 가게가 즐비해요. 하지만 계속해서 살펴봤듯, 인류가 이룬 풍요의 이면에는 고통받는 지구가 있습니다. 이렇게 먹을거리가 넘쳐나니 더는 귀하지 않아 음식을 아주 쉽게 버리고 있거든요.

2023년 기준 우리나라에서는 한 사람당 매일 약 310g의 음식을 버리고 있습니다. 전 국민이 하루 동안 배출한 음식물 쓰레기는 약 2만t에 달하는데, 이것이 올림픽 경기 전용 수영장 8개를 꽉 채울 수 있는 양이라고 하면 얼마나 많은 양인지 실감이 나지요?

음식물 쓰레기는 우리나라뿐만 아니라 전 세계적인 문제예요. 유엔환경계획에 따르면 2022년 기준 전 세계에 버려진 음식물 쓰레기는 연간 10억t에 이르는데, 전 세계 음식 생산량의 약 19%에 해당한대요. 이는 기아로 고통받는 7억 8,000만 명을 살리고도 남을 양이라고 해요.

　　음식이 낭비되는 건 문제지만 음식물 쓰레기는 플라스틱과 달리 잘 썩으니 환경에는 문제가 없는 것 아니냐고요? 안타깝게도 음식물 쓰레기 역시 기후 위기를 앞당기는 원인 중 하나예요. 매해 세계 온실가스 배출의 8~10%를 차지하는 주범이 바로 음식물 쓰레기거든요. 전 세계의 음식물 쓰레기를 모아 '음식물 쓰레기국'이라는 나라를 만든다면, 세계에서 세 번째로 온실가스를 많이 배출하는 나라가 될 거라네요.

　　음식물 쓰레기는 왜 지구에 엄청난 양의 탄소 발자국을 남길까요? 음식물은 부패하는 과정에서 이산화 탄소보다 온실 효과가 더 큰 메탄가스를 발생시켜요. 음식물 쓰레기를 운반하고 각종 기계로 처리하는 과정에서도 많은 에너지가 쓰이고요. 음식물 쓰레기를 매립할 때 생기는 악취와 침출수, 소각할 때 생기는 다이옥신과 질소 산화물 같은 유해 물질은 토양, 수질, 대기 오염을 일으킵니다.

　　오늘 여러분이 남긴 음식은 무엇이었나요? 얼마만큼이었나요? 남긴 이유는 무엇이었나요? 우리는 매일 고민 없이 음식을 남기곤

합니다. 그렇게 버려진 음식이 어디로 가고, 지구에 어떤 영향을 미치는지에 대해선 궁금해하지 않은 채로 말이지요. 우리의 그릇을 떠난 음식은 어디로 갈까요?

내가 남긴 음식이 향하는 곳

가정에서 만들어진 음식물 쓰레기 중 일부는 건조기나 분쇄기로 직접 처리되기도 합니다. 하지만 대부분의 경우 음식물 쓰레기 봉투에 담겨 분리배출돼 '자원화'되거나 소각돼요. 자원화란 음식물 쓰레기를 사료나 퇴비, 바이오 에너지로 만드는 것을 말해요.

자원화 시설로 옮겨진 음식물 쓰레기는 어떻게 사료가 될까요? 작업자들이 처리 시설에 도착한 음식물 쓰레기 봉투를 찢어 뼈다귀같이 큰 이물질을 걸러 내고 나면, 선별 기계에서 종량제 봉투와 이쑤시개, 휴지 같은 이물질을 다시 걸러요. 그 후 파쇄기로 잘게 쪼개고 물기를 빼서 납작하게 만든 다음 높은 온도에서 살균과 건조를 거쳐요. 건조된 음식물은 다시 이물질을 거른 후 가루 형태의 '단미 사료'로 만들어져서 사료 회사에 팔려요.

음식물 쓰레기는 대부분 수분으로 이루어져 있기 때문에, 사료와 퇴비로 만드는 과정에서 많은 양의 음폐수가 발생합니다. 이 폐수는 산소를 좋아하지 않는 '혐기성' 세균으로 발효시켜 메탄가스와 폐수로 분리해요. 분리한 메탄가스는 바이오가스 시설로 향하고, 남은 폐수는 하수 처리장에 버려져요.

모든 음식물 쓰레기가 사료와 비료로 만들어진다면 큰 걱정을 하지 않아도 되겠죠. 하지만 우리나라 음식에는 국물이 많다 보니 자원화 시설에 들어온 음식물 쓰레기의 80%는 결국 폐수가 돼 하수 처리장에 버려져요. 짠 음식을 많이 먹으니 음식물 쓰레기의 염분도 높은데, 높은 염분은 재활용의 걸림돌이 돼요. 그래서 음식물 쓰레기의 분리배출은 잘 되고 있지만, 실제로 재활용되는 비율은 20~40%밖에 되지 않아요.

접시에 담겨 있을 때만 해도 '음식'으로 불리며 우리의 식욕을 자극했던 것들이 20분 남짓한 식사가 끝난 뒤 음식물 쓰레기 봉투에 들어가고 나면 갑자기 냄새 나고 만지기도 싫은 '쓰레기'가 됩니다. 어떻게 하면 더 책임감 있게 음식을 대하는 지구 살리미가 될 수 있을까요?

잘 버리고, 덜 버리기

간단한 퀴즈를 통해 헷갈리기 쉬운 음식물 쓰레기 분리배출 방법을 알아볼까요?

① 다음 중 음식물 쓰레기에 해당하는 것은 무엇일까요?

ㄱ. 달걀 껍질   ㄴ. 호두 껍데기   ㄷ. 귤껍질   ㄹ. 조개껍질   ㅁ. 옥수수 껍질

정답은 'ㄷ. 귤껍질'입니다. 음식물 쓰레기의 기본적인 분류 기준은 '가축의 사료로 쓰일 수 있는가?'입니다. 따라서 귤껍질, 바나나 껍질, 사과 껍질같이 부드러운 과일의 껍질은 음식물 쓰레기로 분리배출합니다. 하지만 달걀 같은 알류의 껍질, 조개 같은 어패류의 껍질, 양파나 옥수수 같은 질긴 채소의 껍질은 동물의 소화를 방해하기 때문에 일반 쓰레기로 배출해야 해요.

② 다음 중 음식물 쓰레기로 배출해야 하는 것은 무엇일까요?
ㄱ. 감 씨앗   ㄴ. 복숭아 씨앗   ㄷ. 파 뿌리   ㄹ. 옥수수 심   ㅁ. 토마토 꼭지

정답은 'ㅁ. 토마토 꼭지'입니다. 감, 복숭아, 살구 같은 크고 딱딱한 과일의 씨앗은 일반 쓰레기로 버려야 해요. 파 뿌리와 옥수수 심도 동물의 소화를 방해하기 때문에 일반 쓰레기예요. 딸기와 토마토의 꼭지 부분은 동물이 소화시킬 수 있으므로 음식물 쓰레기로 배출합니다.

③ 다음 중 일반 쓰레기로 배출해야 하는 것은 무엇일까요?
ㄱ. 생선 내장   ㄴ. 치킨 뼈   ㄷ. 생선 뼈   ㄹ. 소갈비 뼈   ㅁ. 새우 껍질

정답은 모두 다입니다. 동물의 내장, 뼈, 털은 일반 쓰레기예요. 새우나 게 같은 갑각류의 껍데기 역시 일반 쓰레기로 배출해야

해요.

그런데 잘 버리는 것도 중요하지만, 덜 버리는 게 더 중요합니다. 급식을 받을 때는 필요한 만큼 받고, 외식할 때는 먹을 수 있는 만큼만 주문해 봐요. 다회용기를 가지고 다니며 남은 음식을 포장해 오는 습관을 들이는 것도 좋아요.

음식물 쓰레기를 20%만 줄여도 소나무 3억 6,000만 그루를 심는 것과 같은 효과가 있어요. 식사는 우리에게 에너지를 주고 즐거움을 느끼게 하는 일이자 지구를 위한 결정을 할 수 있는 세 번의 중요한 기회이기도 합니다.

하루 세 번 내 앞에 놓인 접시를 보며 지구를 떠올려 보는 건 어떨까요? 음식을 남기기 전에 이 음식이 버려진 후 지구에 남길 탄소 발자국을 생각해 보는 건 어떨까요? 그렇게 한 끼 한 끼, 하루하루, 지구 살리미의 작은 실천이 모이면 작지 않은 변화가 만들어질 거예요.

1년에
24계절 변하는
세계

(옷으로 만들어진 쓰레기 산)

2020년 아카데미 시상식에서 영화 〈조커〉로 남우주연상을 수상한 배우 호아킨 피닉스는 동물권 보호와 환경 보호를 호소하는 수상 소감으로 주목을 받았습니다. 그런데 이날 화제가 된 건 수상 소감만이 아니었어요. 다른 시상식에 다섯 번이나 입었던 의상을 아카데미 시상식에 또 입고 참석했던 게 큰 화제가 됐지요.

왜 호아킨 피닉스는 시상식에 똑같은 옷을 입고 나타났을까요? 옷을 최대한 사지 않는 게 그의 환경 보호 실천 중 하나였기 때문이죠. 앞에서 플라스틱과 음식물 쓰레기 모두 기후 위기를 앞당긴다는 사실을 살펴봤는데, 그만큼 심각한 쓰레기 문제가 하나 더 있습니다. 바로 '옷'입니다.

서아프리카 가나의 수도 아크라에 가면 무시무시한 산을 볼 수

쓰레기를 주워 먹는 소와 송아지.

있습니다. 버려진 옷이 쌓여서 만들어진 '옷 무더기 산'이죠. 이 산의 한 켠에서는 옷들을 태우느라 매연이 가득하고, 또 다른 곳에선 소들이 풀이 아닌 버려진 옷 조각을 먹으며 배를 채우고 있습니다. 강에는 버려진 옷들이 강줄기를 따라 흐르고 있어요.

이 끔찍한 산은 어떻게 만들어진 걸까요? 서아프리카에서 가장 큰 중고 시장인 '칸타만토'는 해외의 중고 의류를 대규모로 수입하는 곳입니다. 칸타만토는 매주 약 1,500만 벌의 중고 옷을 사들이는데, 그중 40%는 쓰레기가 돼요. 버려진 옷을 체계적으로 처리하는 시설도 없다 보니, 옷 무더기는 쌓이고 쌓여 산이 됐죠.

충격적이게도 우리나라 역시 이 산을 만드는 데 큰 몫을 하고 있습니다. 세계에서 다섯 번째로 헌 옷을 많이 수출하는 나라가 대한민국이기 때문입니다. 우리나라는 헌 옷의 약 95%를 인도, 캄보디아, 필리핀, 가나 같은 국가로 수출하고 있어요. 유행이 지나서, 지겨워져서, 잘못 사서 별생각 없이 헌 옷 수거함에 버린 옷들의 대부분이 바다 건너 다른 나라에 쌓여 대기와 토양과 수질을 오염시키고 있는 것이지요.

2023년 한 해에만 우리나라에선 10만t이 넘는 옷이 버려졌습니다. 이렇게 버려진 옷들 중에는 한 번도 입지 않은 새 옷도 많습니다. 쉽게 사고, 쉽게 버려진 옷은 지구에 어떤 흔적을 남기고 있을까요? 전 세계적으로 버려진 옷은 1년에 약 120t의 탄소 발자국을 남기고 있는데, 이는 전체 탄소 배출량의 약 10%에 해당해요.

옷을 버리지 않으면 되는 거 아니냐고요? 슬프게도 옷을 버리지 않는 것만으로는 기후 위기를 늦출 수 없어요. 옷을 버리는 일만이 아니라 만드는 일도 기후 위기를 앞당기고 있기 때문입니다. 그럼 우리가 입는 옷은 어떻게 만들어지고 있는 걸까요?

1년에 24계절 변하는 세계

1년에 계절이 네 번이 아니라 스물네 번 바뀌는 곳이 어디인지 알고 있나요? 바로 패션 업계입니다. 빠르게 변하는 트렌드를 반영해 옷을 디자인하고 제작해서 매장에 진열하기까지 평균적으로 걸리는 기간은 2주입니다. 이렇게 빠르게 생산되고 저렴하게 소비되는 패션을 '패스트 패션'이라고 해요. 대부분의 패스트 패션 브랜드에서 1년에 스무 번에서 많게는 서른 번까지 '시즌'을 바꾸며 새 옷을 출시합니다.

패스트 패션이 패션 문화의 중심으로 자리잡으면서 1년 동안 전 세계적으로 만들어지는 새 옷은 1,000억 벌이 넘어요. 이 어마어마한 옷은 대체 어떻게 만들 수 있는 걸까요? 대부분의 패스트 패션 업계는 저임금 노동력을 고용할 수 있는 중국, 방글라데시, 인도네시아 등의 국가에 공장을 두고 매일 엄청난 양의 옷을 만들어요.

저렴하게 옷을 만들기 위해선 값싼 원료도 필요합니다. 그 해답이 된 게 바로 플라스틱을 이용한 합성 섬유지요. 전 세계 섬유 생산의 50% 이상을 차지하는 소재는 '폴리에스터'인데, 페트병과 같은 소재입니다.

플라스틱으로 만든 옷은 빨래할 때마다 엄청난 양의 미세 플라스틱을 만들어 냅니다. 합성 섬유로 만든 옷 약 5kg를 모아 세탁기를 한 번 돌리면 평균 200만 개의 미세 플라스틱이 나온대요. 이 미세 플라스틱은 강으로, 바다로 계속해서 흘러가고 있습니다.

유해한 화학 약품을 잔뜩 사용하는 원단 염색 과정 역시 수질 오염을 유발합니다. 대부분의 의류 공장이 있는 중국, 방글라데시, 인도네시아 같은 국가에는 엄격한 폐수 처리 시스템도 없기 때문에 수천 개의 염색 공장에서 흘러나온 폐수가 강에 그대로 방류돼요.

옷을 만들기 위해 엄청난 양의 물을 사용한다는 점도 문제입니다. 전체 산업 분야의 물 사용량 20%를 의류 제작이 차지하고 있어요. 우리가 즐겨 입는 청바지 한 벌을 만드는 데는 한 사람이 무려 10년 동안 마실 수 있는 양의 물이 사용돼요. 매년 전 세계적으로 새로 만드는 청바지는 40억 벌이고요. 환경을 희생시키며 만든 옷은 모두 팔리지도 않습니다. 한 달 전까지는 신상품이었던 옷도 금방 재고가 돼 창고에 쌓이지요. 패션 업계에서는 판매 기한이 종료되면 재고를 대부분 소각시킵니다. 합성 섬유가 많다 보니, 태우는 과정에서 유해 물질이 방출돼요.

과연 지구 살림과 공존할 수 있는 패션은 없는 걸까요?

여러 패션 브랜드에선 패스트 패션이 앞당긴 기후 위기에 대해 반성하며 '지속 가능한 패션'에 귀 기울이기 시작했어요. 지속 가능한 패션이란 생산, 소비, 폐기의 모든 과정에서 기후에 미치는 영향을 최소화하는 것을 말해요. 그렇다면 패션 업계에서는 어떤 방식으로 지속 가능성을 추구하고 있을까요?

먼저 환경에 미치는 영향을 최소화하는 다양한 소재가 개발되고 있어요. 목재 펄프와 재활용 폐플라스틱으로 섬유를 만드는 거예요. 리사이클 나일론은 다른 옷을 만들고 남은 옷감과 해양 오염의 원인 중 하나로 꼽히는 폐어망으로 만드는데, 일반 나일론에 비해 이산화 탄소 배출을 18% 감소시킨다고 해요. 이뿐만 아니라 버섯, 선인장, 사과 껍질 등 식물을 이용해 만드는 가죽도 개발했답니다. 화학 물질과 물을 적게 사용하는 염색 방법으로 만든 천을 사용하기도 하고, 재활용 금속으로 액세서리를 만들기도 하고요. 지속 가능한 패션을 추구하는 대표적인 브랜드 중 하나인 '파타고니아'는 의류 브랜드 최초로 재활용 폴리에스터를 활용해 옷을 만들었어요. 페트병에서 섬유를 추출하는 기술로 지금까지 파타고니아가 재활용한 페트병은 1억 개가 넘어요. 파타고

니아는 100% 재생 소재와 리사이클 소재를 사용하기 위해 노력 중이에요.

무분별한 재고 폐기를 해결하기 위한 '업사이클링 패션'도 있어요. 코오롱 산하 브랜드 '레코드'에서는 의류 제작 과정에서 남은 원단을 재활용해요. 지난 시즌의 재고를 새로운 디자인으로 리폼해 다음 시즌에 판매하고요.

지속 가능한 패션은 아직 일부분에 불과해요. 소셜 미디어에선 인공 지능과 빅데이터가 추천해 주는 옷 광고가 끊임없이 우리의 구매 욕구를 자극해요. 40년 전과 비교해 인류는 1인당 5배 더 많은 옷을 사고 있어요. 이젠 패스트 패션을 넘어 '울트라 패스트 패션' 시대라고 부르기도 해요.

지속 가능한 생산도 중요하지만, 우리의 패션 소비도 변화해야 합니다. 이렇게 많은 옷이 다 필요할까요? 우리 옷장에 있는 옷들은 얼마나 오래 입고 버려질까요? 우리가 패스트 패션 대신 한 벌을 오래오래 잘 입는 '슬로 패션'을 선택하지 않는다면, 지구는 계속해서 뜨거워질 것입니다.

쓰레기 없는 하루, 도전해 보자!

플라스틱 어택을 주도한 환경 단체들이 '플라스틱을 사지 않을 권리'를 외쳤듯, 쓰레기는 개인의 노력만으로 줄이기 어려운 면이 있어요. 환경 단체와 시민들이 기업과 정부에 일회용품 사용을 줄이도록 요구하는 이유예요. 하지만 정책이 만들어지고 시행되려면 긴 시간이 필요해요.

일회용컵에 담긴 음료를 구매할 때 보증금을 지불하고, 컵을 다시 매장에 가져가면 보증금을 돌려주는 '일회용컵 보증금제'의 경우 2020년에 도입이 결정돼 2022년 6월부터 시행될 거라고 예고했어요. 하지만 시행을 한 달 앞둔 2022년 5월, 환경부는 일회용컵 보증금제의 시행을 12월로 미루겠다고 발표했어요. 이 제도는 결국 그해 12월부터 전국 시행에서 세종시와 제주도 두 지역으로 축소해서 시행됐어요.

정책 같은 큰 변화를 만들기 위해선 많은 기다림이 필요해요. 그렇기에 개인의 노력에는 한계가 있다는 생각으로 정부와 기업이 주도하는 큰 변화를 기다리기만 한다면 지구에는 쓰레기 공동묘지가 계속해서 늘어날 거예요. 당장 바꿀 수 없는 것을 탓하며 아무런 노력도 하지 않는다면 지구는 점점 빨리 뜨거워지고, 기후위기로 인한 고통도 점점 커질 것입니다.

그럼 우리가 당장 바꿀 수 있는 것은 무엇일까요? 바로 우리가 매일 하는 '선택'과 '행동'입니다. 미국의 환경 운동가 비 존슨은 자신의 힘으로 바꿀 수 있는 것부터 실천하기 위해 '제로웨이스트 운동'을 시작했어요. 제로웨이스트란 말 그대로 쓰레기를 '제로'로 만드는 라이프 스타일이자 환경 운동입니다. 제로웨이스트는 이제 전 세계로 확산돼 많은 사람이 실천하고 있어요.

존슨은 제로웨이스트 운동의 다섯 가지 원칙을 '5R'로 제시해요. 음료를 주문하면 나오는 빨대나 옷을 살 때 주는 쇼핑백처럼 필요 없는 것을 거절하고(refuse), 사거나 쓰는 물건의 양을 줄이고(reduce), 썼던 물건을 오래오래 다시 쓰고(reuse), 재활용이 가능한 것들을 올바른 방법으로 재활용하고(recycle), 음식물 쓰레기는 집에서 썩혀(rot) 퇴비로 만드는 것입니다. 대부분 마당이 없는 집에 사는 우리나라의 경우 마지막은 실천하기 어려울 수 있어요. 하지만 나머지는 우리가 충분히 실천할 수 있는 것들이지요.

10년 넘게 제로웨이스트를 실천하고 있는 존슨은 매년 자신이 1년 동안 만든 플라스틱 쓰레기를 작은 유리병 하나에 모아 둡니다. 그가 유리병 하나에 담길 만큼 적은 양의 플라스틱 쓰레기만 배출할 수 있는 이유는 일회용 플라스틱에 담긴 제품들을 소비하지 않기 때문이에요. 존슨은 베이킹 소다와 식초로 세제를 직접 만들어 쓰고, 비누 하나로 샴푸와 바디 워시와 폼 클렌저를 대체해서 써요. 식재료를 구매할 때는 장바구니를 들고 농부와 직거래하는 '파머스 마켓'을 이용하고요.

　세제를 직접 만들고, 가까운 동네 슈퍼에서 장도 보지도 않는다고 하니 너무 힘들어 보일 수도 있어요. 하지만 존슨은 제로웨이스트를 실천하면 힘들지 않냐는 질문에 오히려 삶이 단순하고 편해진 데다 물건을 사고 쓰는 데 불필요한 시간을 들이지 않으니 여유 시간도 많아졌다고 해요.

　우리나라에도 제로웨이스트 실천 바람이 불고 있어요. 장을 보거나 식당에서 음식을 포장할 때 다회용기를 들고 가는 '용기 내 챌린지'에 참여해 소셜 미디어에 인증하는 사람들이 있어요. 스웨덴어로 '줍다'를 뜻하는 플로카 우프(plocka upp)와 조깅의 합성어로, 조깅을 하며 쓰레기를 줍는 '플로깅'에 참여하는 사람들도 늘어났고요. 다회용기를 들고 가서 세제, 화장품, 곡식 등을 포장 없이 원하는 만큼 살 수 있는 제로웨이스트 상점도 곳곳에 생겨나고 있어요.

의욕은 가득한데, 어디서부터 시작해야 할지 막막하다고요? 제로웨이스트 실천에도 정답은 없어요. 나에게 맞는 실천 방법을 직접 찾는 거예요. 나만의 실천 목록을 만들어 보면, 나에게 맞는 방법이 무엇인지 찾을 수 있을 거예요.

그럼, 지금부터 나만의 제로웨이스트 실천을 찾아볼까요?

나만의 제로웨이스트 실천 한 걸음

step 1. 쓰레기 일지 기록하기

제로웨이스트의 첫 걸음은 내가 버린 쓰레기를 돌아보는 것에서 시작합니다. '쓰레기 일지'에 오늘 버린 쓰레기 중 줄일 수 있었던 것은 무엇인지 기록해 보세요. 예를 들어 오늘 버린 플라스틱 빨대는 쓰지 않거나 스테인리스 빨대를 들고 다녔다면 줄일 수 있었겠지요? 빠짐없이 전부 기록할 수는 없을 거예요. 놓친 게 있어도 괜찮으니 기억나는 대로 적어 봅시다.

step 2. 제로웨이스트 도전 체크리스트에서 2개를 골라 일주일 동안 실천하기

제로웨이스트 도전 체크리스트를 적어 봅시다. 그리고 먼저 도전해 보고 싶은 두 가지를 골라 쓰레기 일지의 '이번 주 목표' 칸에 적습니다. 한 주간 일지를 열심히 쓰며 이 두 가지를 실천해요.

step 3. 실천 일지를 점검하며 비교적 쉬웠던 것과 어려웠던 것을 정리하기

일주일 동안 잘 실천해 봤나요? 실천하기 어려웠던 게 있다면 그 이유를 적어 보세요. 지키기 어려웠던 이유가 자신의 힘으로 바꿀 수 있는 것이라면 다음 주 실천 목표에 그 항목을 다시 적습니다. 자신의 노력으로 바꿀 수 없는 것 때문이었다면 그 항목은 밑줄을 쳐 두세요. 다음 주 실천 목표도 2개가 되도록 적은 후, 다시 주간 실천을 반복합니다.

step 4. 한 달 동안 3개 이상의 실천 목록을 골라서 습관으로 만들기

어떤 지구 살리미는 매주 다른 것을 시도해 한 달 동안 8개를 실천했을 수도 있고, 어떤 지구 살리미는 같은 목록을 계속 반복해서 4개를 실천했을 수도 있어요. 그중 가장 잘할 수 있었던 실천 한 가지를 골라 봅니다. 이 한 가지를 여러분의 습관으로 만들어 꾸준히 실천합니다.

step 5. 한 달씩 반복하며 나만의 제로웨이스트 습관을 늘리기

이제 여러분에겐 제로웨이스트 습관 한 가지가 생겼습니다. 제로웨이스트 도전 체크리스트에서 그 한 가지를 지우세요. 남은 항목 중에서 2개를 다시 골라 이번 주 실천 목표를 적고 주간 챌린지를 한 달 동안 합니다. 습관으로 정한 한 가지는 유지하면서

말이죠.

　이렇게 한 달에 1개씩 습관을 만들다 보면, 언젠가 제로웨이스트 도전 체크리스트의 모든 목록이 여러분의 습관이 될 수도 있겠지요? 물론 각자의 상황에 따라 모두 실천할 수 없을지도 몰라요. 그래도 괜찮아요. 각자의 실천은 모두 다른 모습일 수 있어요. 느슨하게, 꾸준히 하는 게 가장 중요하답니다! 제로웨이스트 도전 체크리스트를 작성하는 게 어렵다면 아래의 목록을 참고해 보세요.

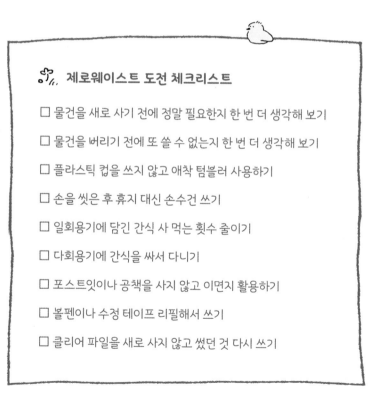

제로웨이스트 도전 체크리스트

☐ 물건을 새로 사기 전에 정말 필요한지 한 번 더 생각해 보기

☐ 물건을 버리기 전에 또 쓸 수 없는지 한 번 더 생각해 보기

☐ 플라스틱 컵을 쓰지 않고 애착 텀블러 사용하기

☐ 손을 씻은 후 휴지 대신 손수건 쓰기

☐ 일회용기에 담긴 간식 사 먹는 횟수 줄이기

☐ 다회용기에 간식을 싸서 다니기

☐ 포스트잇이나 공책을 사지 않고 이면지 활용하기

☐ 볼펜이나 수정 테이프 리필해서 쓰기

☐ 클리어 파일을 새로 사지 않고 썼던 것 다시 쓰기

□ 공책의 남은 부분을 모아 새 공책 만들어서 쓰기

□ 학용품에 이름표를 붙여서 잃어버리지 않고 오래 쓰기

□ 필요한 만큼만 배식받아서 남김 없이 먹기

□ 용기 내 챌린지 참여하기

□ 친구들과 우리 동네 플로깅 해 보기

□ 물티슈 쓰지 않기

□ 플라스틱 쓰레기가 발생하는 제품 적게 사기

□ 카페에서 일회용 빨대나 물티슈 거절하기

□ 내가 가진 물건의 새로운 용도를 찾아
  업사이클링 도전하기

목표를 완벽하게 달성한 지구 살리미는 거의 없을 거예요. 말 그대로 쓰레기가 전혀 없는 '제로' 웨이스트는 불가능에 가깝습니다. 그러니 제로웨이스트는 방향으로 삼고, '레스(less)' 웨이스트를 실천하면 됩니다. 무리해서 큰 목표를 세우고 금방 지치는 실천은 지속 가능하지 않아요. 100점짜리 실천을 한 달 하고 그만두는 1명이 아니라, 30점짜리 실천을 꾸준히 하는 지구 살리미 10명이 지구 살림에 훨씬 더 큰 도움이 돼요. 그러니 여러분도 30점짜리 목표를 두고 실천해 보는 게 어떨까요?

물건과 오래오래 잘 지내는 방법

최소한의 물건으로 만드는 단순한 삶

우리는 이미 많은 물건과 함께 살고 있지만, 끊임없이 새로운 물건을 갖고 싶어 해요. 백화점에 가면 수많은 반짝이는 물건이 손을 흔들며 우리의 구매 욕구를 자극해요. 꼭 필요한 게 아니라고 생각해도, 유혹을 물리치기 쉽지 않아요. 화려한 조명 아래 진열된 새 물건을 들여다보고 있으면, 이 물건을 가져야 행복해질 것 같다는 착각에 빠져 버리죠. 우리는 물건을 사고 또 사들이는 과소비 사회에 살고 있습니다.

과소비 사회에서 자유로울 수 있는 사람은 거의 없을 거예요. 하지만 쓰레기 없이 살기 힘든 세상 속에서 제로웨이스트 운동이 시작됐듯이, 과소비를 피하기 어려운 이 세상 속에서도 과소비를 거부하고 다른 방식으로 살자고 외치는 사람들이 있어요. 최소한의 물건만으로 삶을 가꾸는 사람들, 바로 '미니멀리스트'죠. 미니멀리스트는 생활에서 불필요한 물건들을 최대한 줄여서 소박하게 살아가는 걸 삶의 중요한 원칙으로 삼아요.

『미니멀리스트』의 저자이자 미니멀리즘 활동가 조슈아 필즈 밀번은 "당신이 소유한 물건이 결국 당신을 소유하게 된다"라고 말해요. 물건을 많이 가질수록 그 물건들에게 지배된다는 뜻이죠. 이 말을 이해하기 어렵다면 청소하고 며칠만 지나면 금세 어질러지는 방, 발 디딜 틈이 없는 신발장, 옷으로 꽉 차서 겨우 열고 닫을 수 있는 옷장을 떠올려 보세요. 우리는 공간의 대부분을 물건들에게 빼앗긴 채로 살고 있어요. 공간만이 아니라 물건을 사고, 치우고, 관리하고, 버리느라 시간도 빼앗기지요. 반면 밀번은 꼭 필요한 몇 가지 물건만 가지고 살아요. 누군가에게는 그의 집이 텅 비어 보일 수도 있어요. 하지만 그는 살아가는 데 필요한 건 이미 모두 가지고 있다고 말해요. 그가 물건을 소유하는 기준은 '이 물건이 삶을 풍족하게 해 주는가?'입니다. 그렇기에 그의 집에도 화분과 그림처럼 삶에 반드시 필요하지 않은 물건들도 있어요. 하지만 그는 그 무엇도 불필요하게 많이 소유하지 않아요. 삶에 가치를 더해 주지도 않는 물건을 비우면 더 자유로워질 수 있기 때문이죠.

미니멀리스트들은 시간과 공간을 더 가치 있게 쓸 수 있게 된다는 점을 미니멀리즘의 장점으로 꼽아요. 물건을 사고, 쓰고, 관리하며 보내는 시간이 적어지니 사랑하는 사람들과 함께 보낼 수 있는 시간이 더 많아지지요. 넓어진 공간에서 취미 생활을 즐기는 등 물건이 아니라 자신을 위해 공간을 활용할 수 있고요. 깨끗해진 공간에 있으면 마음도 가벼워지고 복잡했던 생각도 정리돼 물건이 아닌 내면에서 행복을 찾게 돼요. 그렇다면 이 미니멀리즘은 지구 살림과는 어떻게 연결될까요?

물건과 깊은 관계 맺기

미니멀리즘에 도전할 때 기억해야 할 중요한 사실은, 지구 살림을 위한 미니멀리즘의 목표는 깨끗하게 비워진 공간을 만드는 게 아니라는 것입니다. 미니멀리즘에 도전하는 이유는 물건과 우리가 맺는 관계, 물건과 환경이 맺는 관계를 생각하며 불필요한 소비와 소유를 줄이는 삶의 태도를 연습하기 위해서예요.

여러분은 물건들과 어떤 관계를 맺으며 살고 있나요? 우리가 지구와 어떤 관계를 맺으며 살아가는지 질문하지 않았던 것처럼, 물건과 맺고 있는 관계도 깊이 생각해 본 적이 없을 거예요.

물건을 쉽게 구할 수 있게 된 세상에서 우리는 물건에게 큰 애정도, 책임감도 느끼지 않아요. 너무나 갖고 싶었던 물건도 우리의 순간적인 욕구를 만족시키고 나면, 더는 반짝여 보이지 않지요. 우리는 물건과 아주 일회적이고 얄팍한 관계를 맺고 있어요.

반면 오랫동안 우리 곁을 지킨 물건들은 많은 추억을 간직하고 있어요. 그 물건과 함께한 시간을 떠올리면 반짝이는 새 물건보다 시간의 흔적이 새겨진 낡은 물건이 더 멋지고 가치 있어 보일지도 몰라요. 이렇게 물건과 맺는 관계를 생각하다 보면 물건을 고를 때 오래오래 잘 쓸 수 있는지를 기준으로 삼을 수 있겠지요?

물건을 만들고, 사고, 쓰고, 버리는 일은 너무나도 간편하고 빠르게 반복됩니다. 하지만 모든 존재가 연결된 지구에서 우리는 물건을 끝까지 잘 쓰고 지구에 해롭지 않게 처리해야 합니다. 그러기 위해 물건과 더 책임감 있고 깊은 관계를 맺어야 해요. 그러다 보면 여러분이 지내는 공간도 자연스레 조금씩 비워지고, 언젠가는 소박하고 정갈한 모습이 돼 있지 않을까요?

지속 가능한 미니멀리즘을 위한 팁!

첫 번째로, 미니멀리즘은 오랜 시간에 걸쳐 일어나는 변화라는 사실을 기억해야 합니다. 물건의 수를 빠르게 줄이는 것보다 최대한 지구에 해롭지 않은 방식으로 처리하는 게 더 중요하기 때문이에요. 지구에 해롭지 않게 물건을 정리하기 위해 중고 마켓을 이용하고, 쓰다 남은 것은 가급적 끝까지 사용한 후에 버려 봅시다.

두 번째로 내가 변화시킬 수 있는 것에 집중해야 합니다. 집 안 모든 곳에서 미니멀리즘을 실천하기 어려울 수 있어요. 가족 모두의 생활 방식을 갑자기 바꾸기는 어려우니까요. 그러니 여러분의 책상이나 옷장처럼 미니멀리즘을 실천할 공간을 몇 가지로 정해 보는 건 어떨까요? 여러분이 주도적으로 변화시킬 수 있는 공간에 집중한다면 성취감을 느끼기도 쉽고, 달라진 생활 방식 때문에 가족과 겪는 갈등도 줄일 수 있을 거예요.

세 번째로 자신만의 물건을 사는 기준과 버리는 기준을 만들어 보세요. 여러 미니멀리스트는 물건을 소유하는 기준으로 '나의 경험을 넓혀 주는 것' '나를 행복하게 해 주는 것'을 말해요. 하지만 각자의 상황이 다를 수 있고, 원하는 것도 다를 수 있어요. 그러니 스스로 무엇을 원하는지, 무엇을 할 수 있는지 고민하며 자신만의 기준을 만들 때 지속 가능한 실천을 할 수 있을 거예요.

여러분의 미니멀리즘 도전을 도울 수 있도록 몇 가지 질문을 던져 볼게요. 이중 여러분에게 맞는 것을 선택해서 실천해도 좋고, 여러분이 직접 기준을 만들어도 좋아요. 친구와 함께 실천하고 각자의 경험을 공유하면서 지속 가능하고 즐거운 미니멀리즘 실천을 해 봅시다. 가끔 불필요한 소비 욕구에 흔들린다면 그동안 미니멀리즘을 실천하며 깨끗하게 비워진 공간을 떠올려 보세요. 그 공간만큼 쓰레기와 탄소 발자국이 꾸준히 줄었다는 사실을 생각하면 새로운 물건을 사는 찰나의 즐거움보다 지구 살리미로서의 뿌듯함이 더 크게 느껴질 거예요.

🐾 나와 깊은 관계를 맺을 수 있는 물건을 선택하는 기준

- 얼마나 자주 사용할 물건인가?

- 얼마나 오래 쓸 수 있는 물건인가?

- 이미 가진 물건으로 대체할 수 없는가?

- 얼마나 나에게 지속적으로 만족감을 주는가?

- 사용 과정과 폐기 과정에서 쓰레기를 적게 만드는가?

- 이 물건이 어떤 공간을 차지할 만큼의 가치가 있는가?

- 이 물건을 관리하는 데 시간을 투자할 가치가 있는가?

우리가 할 수 있는 일 ②

지구를 위해 현명하게 소비하기

쓰레기를 눈앞에서 치워도, 결국 지구 어딘가를 돌며 기후 위기를 앞당기고 있다는 사실을 외면할 수 없죠. 지구를 위해 현명하게 사고, 쓰고, 버릴 수 있는 방법들을 소개할게요!

재사용 가능한 포장지 사용하기

 이제 곧 크리스마스 시즌이네요. 구름이랑 바람이는 가족이나 친구들과 선물 주고받나요?

 아뇨! 어렸을 때 하고 안 해요. 생일 정도만 챙겨요.

 전 선물해요!

 오, 그렇군요. 근데 매년 선물 포장으로만 엄청난 양의 쓰레기가 만들어진다는 사실을 알고 있나요?

 정말요? 선물 주고받으면서 쓰레기 문제는 생각해 본 적이 없는데.

선물 포장지 1kg을 만들면 자동차로 약 15분 거리를 이동하는 것만큼 탄소가 배출돼요. 크리스마스 시즌이 되면 미국 온라인 쇼핑몰인 아마존에선 1초에 47건의 주문이 접수된대요. 우리나라 쓰레기 배출량도 25%나 증가하고요.

인간에겐 선물을 주고받는 일이 설렘을 주는데, 지구에게는 전혀 즐겁지 않은 일이겠네요…. 그래도 선물을 주고받는 즐거움은 포기할 수 없는걸요!

즐거움을 포기할 필요는 없어요! 대신 지구를 위해 조금 다르게 선물을 주고받는 건 어떨까요? 예를 들어 선물 포장지로 손수건이나 천처럼 재사용이 가능한 재료를 써 보면 어떨까요? 선물이 꼭 물건일 필요도 없어요. 올해 생일에는 받고 싶은 선물로 환경 단체에 여러분의 이름으로 기부하기를 말해 보는 건 어떨까요?

중고 거래 앱 활용하기

어제 자기 전에 언박싱 영상을 봤는데 너무 좋아 보이더라고요! 새 물건 포장지 뜯는 소리도 완전 ASMR… 아, 선생님은 새 물건 안 산다고 하셨죠?

네, 하지만 중고 제품도 나름의 매력이 있어요! 중고 거래 앱에선 이제는 구할 수 없는 디자인의 옷과 제품도 구할 수 있어요. 유행하는 것도 멋지지만 중고 제품을 쓰다 보면 나만의 독특한 스타일도 찾을 수 있어요! 포장지 쓰레기도 생기지 않고, 훨씬 저렴하고요!

오! 앱 한번 찾아봐야겠다! 아, 근데 이미 집에도 안 입는 옷이 많은데….

그럼 친구들과 작은 바자회를 열어 보는 건 어때요? 분명 다른 친구들한테도 잘 입지 않는 옷이나 쓰지 않는 물건들이 많을걸요. 옷장과 서랍 속에 잠들어 있는 옷이나 물건을 친구의 것과 바꾸거나 원하는 친구에게 나눠 주세요.

전에 친구들이랑 놀러 간다고 옷을 샀는데 그 뒤로 잘 입지 않게 돼서 좀 아깝더라고요.

앞으로 새 물건을 사기 전에 친구들에게 빌려 쓸 수 있는지 물어보거나 중고 제품이 있는지 찾아봐야겠어요!

제로웨이스트 상점 이용하기

짜잔! 이곳은 여러분의 제로웨이스트 실천을 한층 더 즐겁게 만들어 줄 제로웨이스트 상점입니다!

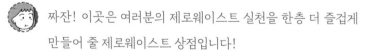

와! 예쁜 물건이 엄청 많잖아?! 다 사고 싶다!

아무리 제로웨이스트 제품이어도 필요 이상으로 사면 제로웨이스트가 아니라는 것, 알죠?

구름아, 여기 봐! 세제와 화장품을 필요한 만큼 다회용기에 담아서 살 수 있대!

멸균 팩이랑 우유 팩이랑 페트병 뚜껑을 수거하는 곳도 있네!

이 치약 짜개는 병뚜껑으로 만든 거래! 어? 이 비누 받침도 나무젓가락으로 만든 거네? 너무 신기하다. 어떻게 이렇게 만들었지?

여기에 면 생리대와 생리컵도 있어요. 매달 비싼 생리대를 사지 않아도 되고, 일회용 생리대로 인한 쓰레기도 줄일 수 있답니다.

쓰레기를 줄일 수 있도록 도와주는 물건이 이렇게나 많다니!

난 지금 쓰고 있는 샴푸랑 린스 다 쓰면 빈 통을 가지고 와서 리필해야겠어!

거북 쌤이 추천하는 제로웨이스트 상점

1. 알맹상점 (서울 마포구 월드컵로25길 47 3층)

다양한 제로웨이스트 제품을 판매해요. 개인 용기에 샴푸, 세제, 로션 등을 원하는 만큼 담아 사는 '리필 스테이션'이 있어요. 버려진 플라스틱 뚜껑을 녹여 만든 치약 짜개, 커피박으로 만든 화분 등 다양한 업사이클 제품들을 판매해요. 운이 좋다면 이곳에서 거북 쌤을 만날지도!

2. 1.5도씨 (서울 관악구 조원로18길 15 1층 103호)

제로웨이스트 상점 겸 카페입니다. 환경을 위해 플라스틱 컵과 빨대를 사용하지 않고, 기부 플리 마켓 같은 다양한 제로웨이스트 행사를 열어요. 여기도 화장품 리필 스테이션이 있고, 비건 식료품도 판매해요!

3. 노노샵 (서울 용산구 보광로 90 202호)

예능 프로그램 〈비정상회담〉 출연으로 유명해진 벨기에 출신 환경 운동가 줄리안 퀸타르트가 직접 운영하는 비건 카페 겸 제로웨이스트 상점입니다. 비건 디저트와 음료를 판매하고 즉석에서 아몬드, 땅콩, 캐슈넛 등으로 넛버터를 직접 짜서 판매할 때도 있어요. 비건 식료품과 비건 관련 책도 파는 복합 공간입니다.

비거니즘이 지구를 살리는 데 도움이 될까?

잡곡밥

템페 구이

시금치 무침

쌤, 매일 도시락 싸는 거 안 귀찮나요?

?

음…

진지

바람아 안녕~

나도

고기도 못 먹고 계란이랑 우유도 못 먹는다니… 전 못 해요!

불편한 점이 이렇게 많은데 왜 비건으로 사세요?

지끈!

그동안 편리하게만 살아서 하나뿐인 지구가 이렇게 뜨거워졌으니까요.

그리고 비거니즘이 지구를 살리는 행동이라는 사실을 떠올리면 보람차고 힘이 난다고요!

??

비거니즘이 지구를 살리는 행동이라고요?

??

후후후… 궁금한가요? 그럼 저를 따라오세요!

비거니즘이 도대체 뭐야?

'비건' '비거니즘'이라는 단어를 들어 본 적이 있나요? 들어 본 계기는 각자 다르겠지만, 언제부턴가 비건이란 단어가 점점 더 자주, 많은 곳에서 보인다는 점에는 모두 공감할 거예요. 비거니즘에 대한 관심이 높아지고 비건 인구가 많아지는 건 전 세계적인 흐름이거든요. 2018년 유럽에선 트위터 트렌드 1위에 비거니즘이 이름을 올리기도 했고, 영국의 주간지 《디 이코노미스트》는 2019년이 '비건의 해'가 될 것이란 전망을 발표하기도 했어요. 폭발적으로 커진 비건 시장과 관련된 경제 현상을 일컫는 '베지노믹스'라는 신조어도 생겼어요. 영국 케임브리지대학교에서는 학생 식당 메뉴를 100% 비건 식단으로 바꾸자는 투표에 72%의 학생이 찬성해 화제가 되기도 했지요.

북미나 유럽에 비해 우리나라에선 비거니즘이 비교적 늦게 알려졌어요. 하지만 퍼져 나가는 속도는 매우 빨라요. 한국채식연합에 따르면 우리나라에서는 100~150만 명이 채식을 하고 있는데, 10년 전과 비교하면 10배 이상 증가한 숫자예요. 이렇게 빠르게 확산되고 있는 비거니즘은 정확히 무엇일까요?

비거니즘보다 더 친숙한 단어는 '채식'일 거예요. 우리가 매일 반복하는 식사와 관련된 말이기 때문이지요. 여러분은 채식 하면 무엇이 떠오르나요? 파릇파릇한 샐러드가 떠오를 수도 있고, 채식의 반대인 육식이나 잡식 같은 단어가 떠오를 수도 있겠네요. 혹시 유형에 따라 먹지 않는 음식이 표시된 '채식 유형표'를 본 적이 있나요?

	채소	유제품	달걀	해산물	가금류	육류
비건	●					
락토 베지테리언	●	●				
오보 베지테리언	●		●			
락토 오보 베지테리언	●	●	●			
페스코 베지테리언	●	●	●	●		
폴로 베지테리언	●	●	●		●	
플렉시테리언	●	●	●	●	●	●

채식에는 여러 유형이 있어요. 동물성 식품을 아예 먹지 않는 비건부터 상황에 따라 유연하게 채식을 실천하는 플렉시테리언까지 다양하답니다. 비건은 돼지나 닭 같은 육지 동물부터 더불어 고기로 만든 육수나 조미료도 먹지 않아요. 새우 가족인 갑각류, 조개 가족인 어패류, 생선 같은 바다 동물도 마찬가지예요. 우유, 치즈, 요거트, 버터 등의 유제품과 달걀, 메추리알 등의 난류와 꿀도 먹지 않아요. 동물을 도축해서 얻는 건 아니지만 생산 과정에서 동물과 생태계에 고통을 주기 때문이지요.

채식주의자를 뜻하는 영어 단어 '베지테리언(vegetarian)'의 처음과 끝 글자를 따서 만들어진 비건(vegan)은 저처럼 비거니즘을 실천하는 사람을 부를 때 쓰기도 하고, 식물성 성분으로만 만들어진 제품을 말할 때 쓰기도 해요. 채식과 비거니즘은 모두 육식을 하지 않는다는 공통점이 있어요. 하지만 식생활만 가리키는 채식과 달리 비거니즘은 삶의 모든 면에서 동물 착취에 반대하는 실천을 가리켜요. 비건은 동물성 식품을 먹지 않을 뿐만 아니라 동물털로 만든 모피 코트, 동물 가죽으로 만든 신발과 가방, 동물 실험을 통해 만들어졌거나 동물성 재료가 들어간 화장품도 소비하지 않고자 노력해요. 동물을 비좁은 곳에 가둔 동물원과 아쿠아리움, 낚시나 산천어 축제 같은 활동도 비건의 여가 활동이 될 수 없겠죠?

비거니즘에 도전해 보고 싶지만 망설여진다면 채식 유형 중 한 가지를 실천해 보는 건 어떨까요? 처음부터 모든 동물성 식품을 멀리하는 건 어려우니, 하나씩 천천히 식단에서 빼 보며 조금 가볍게 비거니즘에 다가가는 거예요. 채식과 비거니즘은 엄연히 다르지만, 채식은 비거니즘에 다가가는 디딤돌이 될 수 있거든요.

그런데 왜 매일 먹어도 또 먹고 싶은 치킨이나 계란과 버터가 듬뿍 들어간 케이크같이 맛있는 음식을 포기하면서까지 비거니즘에 도전하는 사람들이 많아지고 있는 걸까요? 우리의 지구 살림 여정은 왜 비거니즘에 도착했을까요? 지금부터 이 질문의 답을 함께 찾아봐요.

우리의 식사가 지구에 미치는 영향

오늘 여러분은 무엇을 먹었나요? 그 음식은 어떻게 식탁까지 오게 됐나요? 식사는 우리가 살면서 가장 자주 반복하는 행위 중 하나지만 식사를 하며 기쁨과 만족을 느끼고 나면 더는 그 식사에 대해 궁금해하지 않지요. 하루 세 번, 우리의 식탁은 차려지고 잊혀지기를 반복합니다.

우리는 계속해서 더 많이, 더 자주 만족스러운 식사를 원해요. 만족스러운 식사에는 고기가 빠져선 안 된다고 말하고요. 하지만 이 만족스러운 식사는 지구에 많은 흔적을 남기고 있어요. 고기를 빠르게 대량으로 생산하는 공장식 축산은 온실가스를 배출하고,

물을 고갈시키고, 숲을 파괴하기 때문입니다. 유엔식량농업기구에 따르면 축산업은 전 세계 온실가스의 약 14.5%를 배출하고 있어요. 기차, 비행기, 배, 자동차 등 모든 운송 수단이 배출하는 것보다 많은 양이지요.

반면 한 사람이 하루 동안 비건 식사를 하면 이산화 탄소를 대략 절반으로 줄일 수 있어요. 온실가스는 11분의 1, 물 사용량은 13분의 1, 토지 사용은 18분의 1로 줄일 수 있고요. 개인이 가장 효과적으로 기후 위기에 대응할 수 있는 방법이 비거니즘이기에, 많은 사람이 실천에 동참하고 있는 거랍니다.

그럼 식사만 바꾸면 되는 거 아니냐고요? 왜 옷이나 화장품 성분까지 신경 쓰며 모든 유형의 동물 착취에 반대하는 비거니즘을 실천하냐고요? 비거니즘은 동물과 환경과 인간의 건강이 모두 연결돼 있다는 생각, 즉 원헬스를 위한 실천이기 때문입니다. 다시 말해 비거니즘은 가장 폭넓게 지구 살림을 실천하는 방법인 것이지요.

공장식 축산으로 고통받는 동물의 현실에 대해 알아 가는 과정에는 많은 용기가 필요할 거예요. 어쩌면 그냥 외면하고 싶을 수도 있어요. 하지만 분명한 건, 우리가 진실을 직면할 때 조금 더 풍요로운 하루를 살 수 있다는 사실입니다. 비거니즘이 우리 마음 속에서 끊어져 있던 동물과 인간의 연결 고리를 다시 이어 줄 때 우리가 가진 원헬스의 렌즈는 더욱 선명해지고, 그 렌즈로 바라본 세상은 훨씬 더 아름다울 거예요.

몇 년 전까지만 해도 비거니즘은 제게 '남의 일'이었어요. 어렵게만 느껴졌고, 도전했다 실패할까 봐 두려웠어요. 하지만 비건이 된 후 저는 어느 때보다 몸도 마음도 건강한 하루를 살고 있습니다. 지치고 힘들 때, 비거니즘이 보여 준 멋진 세상은 지구 살림을 이어 갈 수 있는 용기와 힘을 줬거든요.

여러분도 비거니즘이 보여 준 세상이 어떤 곳인지 궁금한가요? 그럼, 함께 마음의 문을 활짝 열고 비거니즘의 세상으로 들어가 볼까요?

농장에서
식탁까지
벌어진 일

영화 〈모던 타임즈〉에서 주인공은 단순 작업을 기계적으로 반복하는 공장 노동자의 하루를 보여 줍니다. 그는 쉼 없이 돌아가는 컨베이어 벨트 앞에 서서 가려운 곳을 긁을 시간도 없이 나사들을 조이고 또 조여요. 결국 그는 빨라지는 컨베이어 벨트의 속도를 따라가지 못하고 벨트 안으로 빨려 들어가 거대한 톱니바퀴의 일부가 돼 기계처럼 나사를 조입니다.

이 장면은 대량 생산을 통해 산업화를 앞당긴 '포드주의'를 잘 묘사하고 있어요. 포드주의는 자동차의 아버지라 불리는 헨리 포드의 이름에서 따 왔어요. 포드 자동차 공장이 〈모던 타임즈〉 속 장면처럼 분업화된 조립 라인을 도입해 자동차를 대량 생산했기 때문이에요. 자동차 공장의 조립 라인에서 노동자 개인의 특성은 전혀 중요하지 않았어요. 각자가 맡은 하나의 단순한 작업을 반복하기만 하면 됐거든요.

대량 생산을 효율적으로 하려면 포드주의만 한 게 없었어요. 이윽고 포드주의는 빠르게 확산돼 대부분의 공장에 자리잡았어요. 이제는 자동차뿐만 아니라 전자 제품, 의류, 생활용품, 식품 등 수많은 물품이 촘촘하게 분업화된 공장에서 빠르게 만들어지고 있습니다.

헨리 포드는 이 시스템을 어떻게 생각해 냈을까요? 놀랍게도, 포드는 조립 라인에 대한 아이디어를 도축장에서 얻었습니다. 그가 '유니언 스톡 야드'라는 도축장을 방문했을 때, 그곳은 이미 자동 컨베이어 벨트와 노동의 분업화를 활용해 도축을 하고 있었어

유니언 스톡 야드의 전경.

요. 유니언 스톡 야드에서 1865년부터 1900년까지 도축된 가축의 수는 약 4억 마리라고 해요.

소비 수준이 향상되며 더욱 많은 사람이 고기를 먹을 수 있게 됐어요. 또한 공장식 축산 시스템 덕에 고기는 더욱 저렴하게, 빠르게, 많이 생산되고 있습니다. 이로 인해 우리 밥상의 모습도 많이 달라졌어요. 2019년 기준으로 우리 밥상에서 동물성 식품의 비중은 19%에 이르는데, 1973년과 비교하면 5배 가까이 증가한 양입니다. 2021년 기준으로 한 해에 전 세계적으로 도축되는 동물의 수는 1,000억 마리에 이릅니다. 소는 약 3억 마리, 돼지는 약 14억 마리, 닭은 730억 마리가 매해 고기가 되기 위해 도축되고 있어요.

공장식 축산이 우리 밥상에 더 많은 고기를 올려 주는 동안 지구는 점점 한계에 다다르고 있습니다. 2020년, 한국인이 지금처럼 먹는다면 지구가 2.3개 필요하다는 연구 결과가 발표됐어요. 지금까지 고기를 얻기 위해 지구 토지의 절반 가까이를 쓰고 있는데, 앞으로도 이렇게 고기를 많이 먹는다면 하나의 지구로는 버틸 수 없다는 뜻이지요. 공장식 축산이 이토록 환경에 큰 영향을 끼치는 이유는 무엇일까요?

고기 반찬을 위해 지구에 진 빚

지금도 1초마다 축구장 하나 크기만큼의 열대 우림이 고기를 생산하기 위해 사라지고 있어요. 300억 마리의 가축을 키우려면 전세계 곡식 생산량의 40%를 가축의 먹이로 써야 하기 때문에 더 많은 숲을 태워 경작지로 만들고 있지요.

엄청난 양의 물도 사라지고 있어요. 햄버거 1개를 만들려면 한 사람이 두 달 동안 샤워할 수 있는 만큼의 물이 필요해요. 미국에서만 가축 사육을 위해 쓰이는 물이 전체 사용량의 55%를 차지하고 있어요. 가축이 먹을 곡식을 키우려면 많은 양의 물이 필요하거든요.

또 다른 문제는 가축이 배출하는 온실가스입니다. 소나 양 같은 반추 동물은 여러 개의 위로 되새김질을 하며 음식을 소화시키는데, 그 과정에서 방귀와 트림으로 메탄가스를 배출해요. 그 양은 매년 배출되는 31억t의 이산화 탄소 배출량과 맞먹어요. 가축의 배설물도 문제입니다. 이는 토양과 수질을 오염시키고, 암모니아와 아산화 질소 같은 대기 오염 물질과 온실가스를 배출해요. 인류가 배출하는 아산화 질소의 65%가 축산업에서 비롯됩니다.

이처럼 매일같이 고기 반찬이 올라오는 우리의 식사는 지구에 큰 빚을 내서 만들어지고 있어요. 가축의 사료로 쓰이는 전 세계 곡식 생산의 40%를 인간이 직접 먹는다면 10억 명 이상의 기아를 먹여 살릴 수 있고, 같은 면적의 토지에서 15배 더 많은 단백질을 생산할 수 있어요. 2050년까지 탄소 중립이라는 목표를 달성하기 위해서, 하나뿐인 지구에게 진 빚을 갚기 위해서 식습관을 바꾸는 일은 피할 수 없는 과제입니다.

공장식 축산업의 문제점은 엄청난 양의 지구 자원을 소진하고 기후 위기를 앞당기는 것만이 아니에요. 더 빠르게, 더 많이 고기를 얻기 위해 컨베이어 벨트 위로 올려지는 동물들에 대해서도 관심을 기울여야 합니다. 그들 역시 우리와 같은 지구 공동체의 일원이기 때문이지요. 동물들은 식탁에 오르기 전까지 어떤 생을 살았을까요?

동물은 어떻게 고기가 될까?

마트 정육 코너에 가 본 적이 있나요? 말끔하게 포장된 고기들 뒤편으로 넓고 푸른 잔디 위에서 자유롭게 풀을 뜯고 있는 소들의 사진이 붙어 있는 걸 종종 봤을 거예요. '우리가 먹는 고기가 어디서 왔을까?'라고 묻는다면, 아마 대부분은 정육점에서 본 그 사진을 떠올릴 거예요. 하지만 안타깝게도 우리가 먹는 대부분의 고기는 사진 속 장면과는 많이 다른 곳에서 생산됩니다. 전 세계 축산 농장의 99%는 공장식 축산 형태로 운영되기 때문이지요.

공장식 축산업에서 가장 중요한 것은 효율성입니다. 적은 시간과 비용을 들여 많은 고기를 만들어야 하거든요. 그렇기 때문에 공장식 축산 농장에서 동물들은 고통을 느낄 수 있는 생명으로 여겨지지 않아요. 컨베이어 벨트 위에 놓인 나사들처럼, 하나의 상품으로 여겨질 뿐이지요.

고기를 대량 생산하기 위한 첫 단계로, 동물들은 품종 개량을 겪습니다. 자연 상태의 동물은 키우는 데 많은 시간이 걸리고 지방이 적어 좋은 상품이 될 수 없거든요. 품종 개량된 동물들은 비정상적으로 살이 많이 찌고, 빨리 성장합니다. 성장 촉진제 같은 호르몬 주사까지 맞으며 자란 동물들은 자신의 다리로 버틸 수 없을 정도로 살이 쪄서 여러 건강 문제로 고통받아요.

동물들은 빠르게 성장하는 만큼 빠르게 생을 마감합니다. 소는 30년까지도 살 수 있지만, 우리가 먹는 소는 16개월에서 30개월 사이에 도축됩니다. 돼지의 수명은 10년에서 15년이지만, 농장의 돼지는 대부분 6개월쯤 도축장으로 향해요. 닭은 약 10년을 살 수 있지만, 농장의 닭은 평균 35일에 도축됩니다. 많은 사람이 육질이 부드러운 어린 닭을 선호하기 때문입니다.

대량 생산을 위한 밀집 사육 역시 공장식 축산의 문제입니다. 비좁은 환경은 동물들에게 심각한 스트레스를 주고 건강을 해쳐요. 전염병이 잘 퍼지기 때문에 항생제도 많이 맞아야 합니다.

높은 상품성을 유지하기 위해 동물들은 출생 후 고통스러운 신체 변화도 겪습니다. 스트레스를 받은 돼지가 서로를 물지 않도록, 아기 돼지의 이빨은 뽑히고 꼬리는 잘립니다. 닭은 서로를 공격하지 못하도록 태어나면 부리가 잘려요. 맛있는 고기를 만들기 위해 수컷 소와 돼지는 거세를 당해요. 이 과정은 많은 경우 마취 없이 진행돼요. 효율적으로 빠르게 진행하기 위해서죠.

많은 동물을 빨리 태어나게 만드는 방법은 무엇일까요? 바로 반복되는 강제 임신과 출산입니다. 자연의 닭보다 10배 많은 알을 낳도록 품종 개량된 '산란계'는 A4 용지보다도 작은 우리에 갇혀 움직이지도 못한 채 1년 동안 300여 개의 알을 낳다가 생산 능력이 떨어지면 도축장으로 향해요. 새끼를 낳는 돼지 '모돈' 역시 비좁은 우리 안에 갇혀 5~6개월 정도의 짧은 간격으로 임신과 출산을 3~4년 동안 반복하다 더는 임신하지 못하게 되면 도축돼요. 송아지가 하루에 먹는 우유보다 10배 많은 우유를 만들도록 개량된 낙농업 농가의 소들도 1년에 한 번씩 강제 임신과 출산을 반복합니다. 어미는 7개월 넘게 배 속에 품었던 송아지를 낳고 나면, 하루만에 가슴 아픈 생이별을 해야 합니다. 송아지를 빼앗긴 어미 소는 며칠씩 슬프게 울어요. 그리고 3주 정도가 지나 다시 임신이 가능해지면, 슬픔을 추스를 새도 없이 인공 수정을 합니다. 임신과 출산을 해야만 소에게서 우유가 나오니까요.

누군가는 인간이 동물을 먹는 건 자연스러운 일이라고 말해요. 하지만 오늘날 고기, 우유, 계란을 만드는 방식은 전혀 자연스럽지 않습니다. 인위적으로 동물을 개량하고, 동물의 신체를 변형하고, 자연과는 거리가 먼 환경에서 비정상적으로 짧은 생을 살도록 하고 있지요. 효율성과 생산성을 동물의 고통보다 훨씬 우선시하고 있어요.

동물의 고통을 떠올리면 마음이 아프겠지만, 슬픔과 고통보다는 우리가 만들 수 있는 변화에 집중해야 해요. 어떤 변화를 만들 수 있을지, 한 걸음 더 들어가 볼까요?

비건이
해산물도
먹지 않는 이유

2020년 과학 잡지 《네이처》에 실린 한 논문은 인류가 만들어 낸 인공 물질의 양이 지구에 살고 있는 총 생물량을 뛰어넘었다는 연구 결과를 발표했어요. 20세기 초반만 해도 인류가 만들어 낸 물질이 전체 생물량의 약 3%밖에 차지하지 못했는데 말이지요. 기술과 산업의 발달로 인류는 이제 땅 위로 828m나 솟은 빌딩도 만들어 낼 수 있습니다. 그런데 인류가 만든 가장 큰 규모의 인공 물질은 세계에서 가장 높은 건축물이 아니라, 태평양 한가운데에 있는 섬이라는 사실을 알고 있나요? 바로 '태평양 거대 쓰레기 지대'입니다. 이곳은 바다에 버려진 쓰레기들이 해류와 바람의 영향으로 모여 만들어졌는데, 대한민국 면적의 16배나 돼요. 1950년대부터 만들어진 것으로 추정되는 이 쓰레기 섬은 2011년에만 해도 대한민국 크기의 절반밖에 되지 않았다고 해요. 그런데 이제는 16배에 이르니, 최근 들어 얼마나 더 빨리 커지고 있는지 알 수 있겠죠?

쓰레기 섬의 90%는 플라스틱으로 이루어져 있어요. 바다에 떠다니는 미세 플라스틱은 최소 15조 개에서 최대 51조 개에 이르는 것으로 추정돼요. 이 해양 쓰레기들은 바다 동물들의 생명을 위협하고 있어요. 매년 약 100만 마리의 바다 새, 약 10만 마리의 바다 포유류가 플라스틱 때문에 목숨을 잃어요. 비닐봉지는 해파리와 유사해 먹이로 착각하고 삼키기 쉽고, 심해와 극지방에서까지 발견되는 미세 플라스틱은 바닷속에 너무나 많아 삼키지 않을 수 없지요.

바다가 플라스틱 왕국이 되는 동안 해양 생물 다양성은 빠르게 감소하고 있어요. 해양 척추동물의 수는 40년 사이에 49% 가까이 감소했고, 약 30년 동안 산호는 절반 이상이 사라졌어요. 2048년이면 인류가 먹는 식용 물고기들은 바다에서 자취를 감추게 될 거라는 예측도 있어요.

해양 생태계를 지키는 일은 매우 중요합니다. 지구 표면의 71%를 덮고 있는 바다는 인간이 배출한 이산화 탄소 약 3분의 1을 흡수하고 산소를 공급하는 역할을 담당하고 있거든요. 또한 바다는 지구 온난화로 축적된 엄청난 양의 열 에너지 90% 이상을 흡수하고 해류 순환으로 기후를 조절하고 있어요. 그러니 바다가 건강을 잃는다면, 지구는 더욱 빨리 뜨거워지겠지요.

바다는 육상 생물종보다 훨씬 많은 생물종이 서식하고 있는 생태계의 보고예요. 넓고 깊은 바다의 많은 부분이 아직 연구조차 이루어지지 않았기에, 인류는 우주의 달보다 지구의 바다를 더 모른다고 말하기도 해요.

이토록 소중한 바다를 어떻게 하면 지킬 수 있을까요? 그 방법을 알기 위해서 우리는 다시 한번 우리의 식탁을 살펴야 합니다. 80억 인구의 식탁을 책임지기 위해, 축산업과 낙농업뿐만 아니라 수산업 역시 '공장식'으로 이루어지며 바다에 상처를 남기고 있기 때문입니다. 그러니 지금부터 우리의 식탁에 해산물이 어떻게 올라오는지 살펴보도록 해요.

해산물이 식탁에 오기까지

전 세계에서 한 사람이 평균적으로 매년 먹는 수산물은 약 20kg에 이릅니다. 60년 전과 비교하면 2배 이상 증가했어요. 전 세계 소득 수준이 향상되며 수산물 소비량은 앞으로 더욱 증가할 것으로 예측되고 있어요. 이렇게 많은 양의 수산물을 공급하기 위해, 수산업도 축산업처럼 대량 생산 방식을 따라갈 수밖에 없었어요. 그 결과 오늘날 우리가 먹는 수산물 대부분이 대규모의 상업적 어업을 통해 공급되고 있어요.

대규모의 상업적 어업은 다양한 장비들을 사용합니다. 대표적으로 '트롤 어선'이 있어요. 이 어선은 크게는 10km에 이르는 거대한 그물을 끌고 다니며 바다 동물을 한꺼번에 잡아요. 이 거대한 그물이 지나간 자리는 텅텅 비고 아무것도 남지 않아요.

트롤 어선의 그물들이 바다에 버려져 플라스틱 쓰레기가 되는 것도 문제예요. 전 세계 해양 쓰레기 중 어업 폐기물은 적게는 10%에서 많게는 50%에 이릅니다. 2018년 기준 우리나라 해양 쓰레기의 약 60%인 3만 6,000t이 어업 후 버려진 폐어구와 폐부표였어요.

대규모 상업적 어업은 '남획'과 '혼획'이라는 문제도 가지고 있어요. 남획이란 무분별하게 자연의 야생 동물을 포획하는 것을

그물에 걸린 상어.

말해요. 혼획이란 돌고래나 바다거북 등 목표로 하지 않은 동물들도 함께 포획하는 것을 말해요. 혼획된 동물들을 살려서 바다로 돌려보내는 일은 드물어요. 동물들을 일일이 구조해서 바다로 돌려보내는 일은 효율적이지 않기 때문이지요.

남획과 혼획으로 인한 해양 생물량 감소 문제는 심각합니다. 사라지는 생물의 양을 자연의 회복 속도로 따라잡을 수 없기 때문이지요. 남획 때문에 한 종의 개체 수가 급격하게 줄어들면 먹이 사슬에서 그 아래에 있던 종의 수는 비정상적으로 많아집니다. 이 많아진 종이 먹이로 삼는 다른 종은 너무 많이 잡아 먹혀서 또 사라져요. 이 연쇄 작용이 반복되며 결국 바다 동물의 개체 수는 전체적으로 감소하게 돼요.

대규모 상업 어업이 시작된 이후, 개체 수가 줄지 않은 바다 동물은 18%밖에 되지 않습니다. 나머지 82%에는 멸종 위기 동물들도 많이 포함돼 있어요. 혼획으로 인해 목숨을 잃는 상어는 연간 5,000만 마리에 이르는 것으로 알려졌고, 고래는 포경이 금지된 지역에서도 혼획 때문에 여전히 그물에 걸려들고 있어요. 참치 8마리를 잡는 데 돌고래 45마리가 그물에 함께 걸리기도 한다고 알려져 있고요.

인공 양식장은 어떨까요? 양식장은 기생충 감염을 예방하기 위해 항생제와 화학 약품을 사용해요. 양식장에서 나온 약품, 사료, 분뇨는 해양에 영양분이 과다 공급되는 '부영양화'를 일으킵니다.

해양의 영양분이 과다해지면 조류가 비정상적으로 많아져 바다의 산소를 모두 소비해 버리고 말아요. 결국 그곳은 산소가 부족해져 다른 동물이 살 수 없게 되지요.

이처럼 수산업 역시 축산업과 마찬가지로 전혀 자연스럽지 않은 방식으로 이루어지고 있어요. 이는 우리가 바다도, 땅도 무한한 곳이 아니라는 사실을 잊었기 때문이 아닐까요? 맛있는 식사로 얻는 기쁨도 중요하지만 지구는 하나뿐이라는 사실을, 그리고 매일 마주하는 우리의 식탁이 지구에 큰 빚을 지고 있다는 사실을 기억해야 해요.

바닷속 세상은 앞으로 어떻게 될까?

최근 태평양 거대 쓰레기 지대에서는 놀라운 현상이 관찰됐습니다. 플라스틱 무더기 위에서 새로운 생태계가 형성되고 있던 것이지요. 말미잘, 따개비, 홍합, 해초들이 플라스틱에 달라붙어 번식하거나 스티로폼 속에서 살고 있었어요. 이제 바다 동물들은 피할 수 없는 플라스틱을 자연의 일부로 여기고 삶의 터전으로 삼기로 선택한 듯합니다.

하지만 감탄을 자아내는 자연의 적응 능력이 우리가 지구를 아끼는 일을 게을리해도 되는 이유가 될 수는 없어요. 바다 동물들이 플라스틱을 먹이나 서식지로 삼는다 해도 미세 플라스틱은 여전히 많은 문제를 가지고 있거든요. 플라스틱을 먹은 동물들은 생식 능력과 면역력이 떨어질 뿐만 아니라 성장 속도도 느리다는 연구 결과들이 발표되고 있어요. 또한 바다 동물들이 플라스틱을 먹다 보면 먹이 사슬 구조와 생태계가 교란될 수도 있고요.

바다 동물이 삼킨 미세 플라스틱은 그 동물을 먹는 상위 포식자 동물의 몸에도 축적돼 수산물을 섭취하는 우리의 몸에도 쌓입니다. 미세 플라스틱을 통해 미세 오염 물질이 함께 전달될 수 있고, 이는 뇌 발달과 호흡과 유전에 영향을 미칠 수 있다는 의견이 꾸준히 나오고 있어요. 인간의 장기와 태반에서까지 미세 플라스틱이 검출됐다는 결과로 보아, 우리 몸의 아주 깊은 곳까지 미세 플라스틱이 쌓이고 있다는 사실만큼은 확실해요.

우리가 주로 먹는 바다 동물이 사라지는 것도, 아름다운 바닷속 풍경을 잃는 것도, 몸속에 미세 플라스틱이 쌓이는 것도 모두 우리를 걱정하게 만들어요. 하지만 바다에 대한 이 모든 이야기를 들은 후 우리가 걱정해야 할 또 다른 중요한 것이 있어요. 바로 바다 동물들이 느끼는 고통입니다. 바다 동물은 우리와 사는 곳도 생김새도 다르기 때문에, 그들의 아픔에 공감하기 위해선 더 많은 상상력이 필요해요. 플라스틱으로 가득한 바다를 헤엄치는 게, 거대한 그물에 걸려들어 가쁘게 숨을 몰아 쉬는 게 우리 자신이었다면 어떨지 떠올려 보는 건 어떨까요? 우리 모두 고통을 느끼고, 고통을 피하고 싶은 생명체라는 점에서 다르지 않으니까요.

비록 인류는 바다 저 깊은 곳까지 플라스틱을 내던졌지만, 한편으로는 바다 동물에 대한 비좁았던 이해를 조금씩 천천히 넓혀 가고 있어요. 어류뿐만 아니라 갑각류도 고통을 느낄 수 있다는 사실이 밝혀지며 노르웨이, 스위스, 뉴질랜드 등의 국가에선 바닷가재를 산 채로 조리하는 걸 금지했어요. 영국에선 문어와 낙지 같은 무척추동물들도 고통을 느낀다는 과학적 증거를 바탕으로 문어, 게, 바닷가재 같은 동물을 '지각 있는 존재'로 구분하고 이들을 산 채로 조리하는 걸 금지하는 법안을 추진한다고 발표했고요. 최근에는 존재 자체를 '고기'라고 부르는 '물고기' 대신 물에서 사는 존재라는 뜻의 '물살이'를 쓰자는 움직임도 생겨나고 있어요.

바닷속까지 상상력을 넓히는 데 너무 오랜 시간이 걸렸는지도 모릅니다. 우리는 너무 오랫동안 바다 동물들의 아픔을 외면해 왔어요. 그러나 우리보다 상상력이 훨씬 풍부하고 너그러운 바다 동물들은 플라스틱을 집과 먹이로 삼으며 우리를 기다려 주고 있습니다. 그 기다림이 영원할 수 없다는 사실을 깨닫고 바다를 돌보는 건, 우리에게 남겨진 숙제입니다.

라면 한 그릇이
빼앗은
오랑우탄의 집

(환경을 위한다는 아이러니)

여러분은 식물성 음식에 대해 얼마나 알고 있나요? 잘 모르는 친구들이 대부분일 텐데요. 비거니즘을 시작하면 이 식물성 음식의 세계를 알아 가는 재미에 푹 빠지게 됩니다. 귀리 우유나 두유 같은 대체유로 만든 비건 아이스크림과 비건 쿠키, 식물성 대체육이 들어간 비건 만두와 비건 삼각 김밥과 비건 너깃 등 다양한 비건 식품들이 나오고 있거든요.

비건 제품이 점점 다양해지고, 채식 인구가 증가하고 있다는 사실은 지구 공동체 모두에게 기쁜 소식입니다. 그런데 우리가 지구에 대해 조금 더 자세히 알아 가다 보면 어떤 게 더 나은 선택인지 헷갈릴 때가 있어요. 대표적으로는 야자나무 열매에서 추출한 기름인 팜유를 둘러싼 논쟁이 있습니다. 팜유는 식물성이기 때문에,

팜유가 들어간 식품도 비건이라 불려요. 그런데 이 팜유의 생산 과정을 살펴보면 지구 살림과는 거리가 멀어요.

팜유는 과자, 라면, 초콜릿 같은 가공 식품뿐만 아니라 우리가 생활에서 사용하는 치약, 샴푸, 로션, 비누, 세제 등에도 널리 쓰여요. 팜유의 전 세계 생산량은 1년에 약 1억t인데, 1995년과 비교하면 10배 가까이 증가한 양이에요. 팜유는 왜 이렇게 많이 쓰이기 시작했을까요?

산업화와 도시화가 진행되며 사람들이 더 많은 물건과 음식을 소비하자 더 많은 기름이 필요해졌어요. 그래서 싸고 많이 만들 수 있는 기름을 찾던 중, 눈에 띈 게 팜유였어요. 팜유는 단위면적당 생산량이 높고 보존과 가공이 쉬워서 다양한 곳에 쓸 수 있거든요. 결국 더 많은 팜유를 만들기 위해 사람들은 열대우림에 점점 더 많은 야자나무를 키우기 시작했습니다.

팜유는 바이오 연료로도 쓰이고 있습니다. 2020년 우리나라에서 수입한 팜유 중 바이오 연료로 사용한 양은 식용으로 사용한 것보다 30배나 많아요. 그런데 유럽연합은 2030년까지 바이오 연료에서 팜유를 퇴출하기로 결정했어요. 팜유가 환경에 미치는 부정적인 영향 때문인데요. 그렇다면 팜유는 환경에 어떤 부정적인 영향을 미치고 있는 걸까요?

팜유는 대부분 말레이시아와 인도네시아에서 만들어요. 이 두 나라에서 전 세계 팜유 생산의 약 85%를 맡고 있죠. 팜유를 생산하려면 야자나무를 심어야 하는데, 이 때문에 시간당 축구장 300개 크기의 열대우림이 사라지고 있어요. 지금까지 사라진 열대우림의 면적은 인도네시아에서 67%, 말레이시아에서 26%로 다 합치면 대한민국 면적보다도 넓어요.

열대우림은 많은 이산화 탄소를 저장하기 때문에 '지구의 허파'라고 불립니다. 열대우림이 파괴되면 저장됐던 탄소가 배출되며 지구는 빠르게 뜨거워집니다. 열대우림 파괴로 배출되는 온실가스는 전 세계 배출량의 약 15%를 차지하는데, 축산업과 마찬가지로 비행기나 자동차, 배 등 모든 운송 수단이 배출하는 것보다 많은 양이에요.

또 다른 문제는 팜유 농장을 만들고자 열대우림에 불을 지르는 경우가 많다는 거예요. 돈도 시간도 가장 적게 드는 방법이기 때문이지요. 그 과정에서 대규모 산불이 일어나기도 해서 열대우림의 생물 다양성도 빠르게 감소하고 있어요. 말레이시아와 인도네시아에 있는 보르네오섬과 수마트라섬의 열대우림에는 1960년대부터 대규모 팜유 농장이 들어서면서 193종의 동물이 멸종 위기종으로 지정됐어요. 보르네오섬에서만 오랑우탄 10만 마리가 사라졌고, 수마트라섬의 코끼리 서식지는 70% 가까이 사라졌어요.

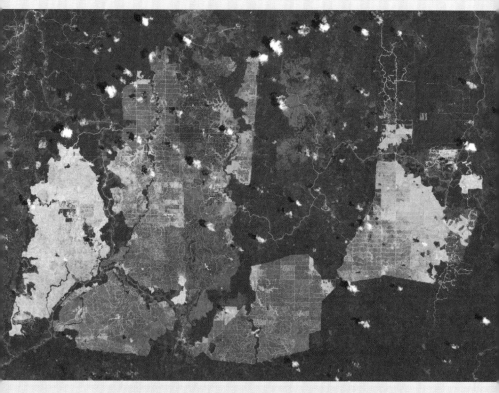

인도네시아의 팜유 농장. 농장 주변의 짙은 녹색 부분이 열대 우림이에요.

팜유 농장에서 사용하는 화학 비료와 살충제, 제초제도 문제입니다. 널리 쓰이는 제초제로 '파라콰트'와 '라운드업'이 있는데요. 파라콰트는 맹독성 제초제로, 피부에 닿거나 냄새를 맡는 것만으로도 폐와 내분비계를 손상시키며 암을 유발할 수도 있어요. 라운드업 역시 발암 물질이 들어 있고요. 우리나라를 비롯해 유럽연합과 많은 국가에서는 파라콰트의 사용을 금지하고 있지만, 인도네시아에서는 여전히 제한적으로 허용하고 있어요.

많은 동남아시아 팜유 농장에서는 화학 물질을 정화하는 작업을 거치지 않고 버립니다. 농장에서 흘러나온 화학 물질 때문에 강과 호수의 물고기들은 죽은 채 발견되고, 이 물을 마신 지역 주민들도 질병과 고통에 시달리고 있어요. 무엇보다 팜유 농장에서 일하는 대부분의 노동자들은 화학 물질에 대한 안전 교육과 안전 장비를 받지 못하는 경우가 많아서, 각종 질환과 안전 사고에 노출돼 있습니다.

이처럼 팜유는 숲을 빼앗고, 야생 동물들의 서식지를 파괴하고, 지역 주민들과 노동자들을 아프게 하고 있어요. 하지만 팜유는 식물성이기 때문에 많은 비건 제품에도 들어가지요. 이러한 팜유가 들어간 비건 제품이 지구 살림을 돕는다고 말할 수 있을까요? 이 질문에 대해 더 깊이 생각해 봅시다.

팜유가 환경을 파괴한다는 사실이 알려지며 '팜유 프리' 제품들이 주목받고 있어요. 2017년 호주에서는 국제 팜유 프리 인증 프로그램을 시작해 소비자가 안심하고 팜유가 들어 있지 않은 제품을 소비할 수 있도록 인증 마크를 발급하고 있어요. 그 외에도 팜유 프리 제품임을 인증하는 '오랑우탄 얼라이언스', 영국의 슈퍼마켓 브랜드 아이슬란드에서 자체적으로 생산하는 '노 팜 오일' 마크 등이 있어요.

식물이지만 환경에 부정적인 영향을 미치는 건 팜유뿐만이 아닙니다. 아보카도와 아몬드 역시 물을 많이 사용하고 단일 경작으로 재배돼 토양의 건강을 해쳐요. 동물성을 멀리하고 식물성을 소비하면 지구 살림에 도움이 될 거라고 생각했는데, 식물성도 동물을 착취하고 지구를 아프게 한다니! 알면 알수록 비거니즘이 어렵게 느껴지고, 혼란스럽기도 하지요?

그러한 감정은 지구 살림에서 마주할 수밖에 없는 당연한 과정이에요. 인간이 지구에 대해 알고 있는 건 일부에 불과하기 때문입니다. 지구 생태계도, 인간이 지구에 미치는 영향도, 지구가 우리에게 주는 영향도, 너무나 복잡하고 다양해요. 인간이 만든 언어와 지식은 불완전하기에 우리는 인간의 시선으로 지구를 모두 이해할 수 없다는 사실을 기억해야 해요.

　　비거니즘도 결국 인간이 만든 다른 틀처럼 완벽하지 않아요. 그러니 비거니즘이라는 틀만으로는 지구 공동체에서 벌어지는 일을 말끔하게 정리할 수 없고 이해할 수 없는 게 당연해요. 식물을 소비하는 게 동물을 소비하는 것보다 항상 이로운 건 아니라는 사실 앞에서 실망할 필요는 없어요. 그 사실은 그저 지구가 얼마나 복잡하고 다채로운 곳인지를 보여 주는 또 다른 증거니까요.

　　불완전한 인간의 시선으로 비거니즘을 고민하는 것은 하늘 위의 별만큼 많은 오답 사이에서 길을 잃고 헤매는 일일지도 몰라요. 비거니즘이라는 틀이 지구 살림을 다 담을 수 없듯, 지구 살림이라는 틀도 언제나 정답은 아닐 수 있어요. 하지만 이토록 복잡하고 아름다운 지구를 위해, 비거니즘의 미로 속을 방황하는 우리의 이유 있는 고집만큼은 정답입니다.

땅속
동물들의
메아리

같은 감염병, 다른 결말

동물들이 감염병에 걸리면 어떤 일이 발생할까요? 해마다 뉴스를 보면 조류 독감과 구제역, 아프리카 돼지 열병 등 동물의 감염병 소식이 들려옵니다. 앞서 살펴봤듯 지구의 전체 생물량 중 97%는 인간과 인간이 키우는 가축이기 때문에, 감염병에 걸린 대부분의 동물은 농장에 사는 가축이에요. 농가의 비좁은 우리 안에서 동물들은 감염병을 어떻게 이겨 낼까요?

인간의 감염병은 많은 사람이 질병을 이겨 내고 집단 면역을 형성하며 끝나요. 하지만 동물의 감염병은 안타깝게도 다른 결말을 가지고 있어요. 수많은 생명의 죽음으로 끝나는 경우가 많기 때문입니다. 물론 농가 주변으로 이동과 출입을 제한하고 소독을 실시하는 등 방역 조치를 실시하기도 합니다. 하지만 밀집 사육 환경에서 감염병은 매우 빨리 퍼지기 때문에, 많은 경우 '살처분'이라는 방법을 선택해요.

살처분이란, 전염병 확산을 방지하기 위해 살아 있는 동물을 불에 태우거나 땅에 묻는 것을 뜻합니다. 우리나라에선 대부분 땅에 묻는 매몰 방식을 선택합니다. 전염병이 발생했다고 해서 항상 살처분을 하는 건 아니에요. 하지만 감염 확산의 정도가 심각하다고 판단될 때, 강력한 방역 조치로서 살처분을 실시하곤 합니다.

그럼 감염병에 걸린 아픈 동물만 살처분의 대상이 될까요? 아프지 않은 동물도 살처분의 대상이 될 수 있습니다. 살처분의 종류에는 일반적 살처분과 예방적 살처분이 있는데요. 예방적 살처분은 감염병이 발생하지 않은 농가에서도 감염병 확산을 막기 위해 실시될 수 있어요.

살처분이라는 단어를 마주하면 차라리 모르는 채로 살고 싶다는 두려움이 생길 거예요. 하지만 이 역시 지구 공동체의 일이기에, 그 안에서 우리는 연결돼 있기 때문에, 손을 잡고 서로의 마음을 다독이며 동물의 감염병을 다루는 방식을 알아볼 필요가 있습니다. 살처분은 어떻게 이루어지고 있을까요?

(연결된 우리, 연결된 고통)

살처분이 이루어지는 대표적인 동물의 감염병으로 조류 인플루

엔자, 구제역, 아프리카 돼지 열병이 있어요. 구제역은 소, 돼지, 양 같은 동물들에게서 나타나며 전염성이 아주 높아요. 특히 우리나라에선 2010년에서 2011년 사이 유례없는 규모로 확산됐고, 2014년 이후에는 거의 매년 발생하고 있어요. 아프리카 돼지 열병은 돼지 사이에서만 감염되는데, 전염성도 높은 데다 치사율이 거의 100%일 정도로 무서운 질병이에요. 우리나라에선 2019년 처음 발생한 후 계속 재발하고 있어요.

우리나라에서 가장 큰 규모로 이루어졌던 살처분은 2010년부터 2011년에 걸쳐 발생했던 구제역 파동이었어요. 이때 소와 돼지 등 총 348만여 마리의 동물을 살처분했어요. 비슷한 시기에 조류 인플루엔자도 발생해 648만 마리의 조류가 매몰됐어요. 그중 1%도 되지 않는 91마리만이 감염된 동물이었어요.

당시 빠른 방역 조치는 동물의 고통보다 중요하게 여겨졌어요. 소는 안락사시켰지만 대부분의 돼지, 닭, 오리는 마취나 안락사 없이 산 채로 땅에 묻혔습니다.

살처분으로 고통받은 건 동물만이 아닙니다. 구제역 파동 때 살처분 업무에 동원된 사람만 100만 명이 넘었어요. 그들은 동물들이 처절하게 울부짖는 모습을 직접 보면서도 맡은 일을 해내야 했어요. 짧은 시간 안에 많은 일을 하다 보니 과로 누적과 사고로 170명의 사상자가 발생했고, 그중 9명은 생명을 잃었어요. 당시 살처분 작업에 동원됐던 사람 중 34.5%는 외상 후 스트레스 장애와 우울증을 겪고 있고요.

동물, 인간, 환경이 모두 연결된 지구이기에 살처분은 환경의 고통으로도 이어집니다. 구제역 파동 당시에 생긴 매몰지만 4,799곳이었어요. 동물 사체가 썩으면 토양과 수질 오염을 발생시켜요. 살처분 매몰지는 매몰 후 3년간 발굴과 사용이 금지되는데, 3년이 지나도 토양이 건강을 충분히 회복하지 못한 곳이 많아요. 또한 2010년 구제역 매몰지 23%에서 침출수가 유출됐을 가능성이 높은 것으로 보고되기도 했어요. 일부 지역의 매몰지 근처 지하수에서는 대장균과 질산성 질소 등 오염 물질이 기준치 이상으로 검출됐고요. 하천 근처에 위치한 매몰지도 있었기 때문에, 지역 주민들의 건강도 위험에 처할 수 있지요.

왜 우리는 사람의 감염병이 발생했을 때는 건강하게 삶을 지속할 수 있는 방법을 찾는 반면 동물의 감염병 앞에선 모두를 아프게 만드는 선택을 하는 걸까요?

죽음으로 해결하는 동물들의 감염병

구제역은 일제강점기였던 1911년 우리나라에서 처음 발생돼 1934년까지 지속적으로 발생했다는 기록이 남아 있어요. 백신 접종과 살처분도 없었던 당시, 구제역 회복률은 약 97.5%였던 것으로 알려져 있어요. 물론 그때는 가축을 대규모로 기르지 않았기에

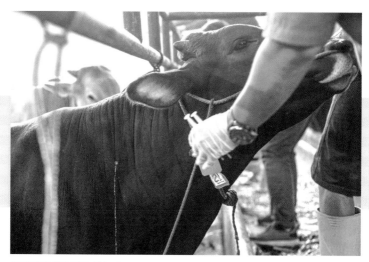

구제역 백신을 맞고 있는 소.

감염 동물의 수도 적고 회복률도 높았겠지요. 그러나 성장이 끝난 동물의 경우 구제역은 대부분 자연적으로 치유되는 질병이며, 치사율도 1~5% 정도로 높지 않아요. 인간에게 전염도 되지 않을 뿐더러 구제역에 감염됐다가 회복한 동물의 고기나 우유를 먹어도 안전하다고 알려져 있고요. 무엇보다 구제역은 백신 접종을 통해 예방이 가능해요. 여러 서유럽 국가에선 백신 접종으로 1970년 중반까지 구제역을 크게 감소시켰어요. 하지만 백신 접종엔 많은 시간과 비용이 들어요. 동물이 낫길 기다리는 동안 농가 소득은 줄고, 사료 값은 계속 들지요. 반면 살처분을 하면 더 빨리 구제역 청정국 지위를 얻어 고기 수출을 다시 시작할 수 있어요.

우리는 수출을 늘이고 농가의 손실을 줄이기 위해 동물의 생명을 앗아 가는 방법을 택합니다. 하지만 10년 전의 구제역 살처분은 경제적으로 실패한 선택이라고 평가받습니다. 살처분에 사용된 예산만 2조 7,000억 원이 넘었고, 수많은 동물이 고통스럽게 목숨을 잃었고, 생명을 잃은 사람들도 있었으며, 살처분 트라우마를 겪은 수많은 이의 고통과 매몰지의 환경 오염 피해가 고스란히 남아 있기 때문이에요.

이제는 우리나라도 구제역 백신 접종을 실시하지만 살처분은 여전히 사라지지 않고 있어요. 우리나라에서 2010년부터 10년 동안 살처분된 동물은 약 7,000만 마리에 달하고, 비용은 4조 원 가까이 돼요. 매몰지도 5,000여 곳에 이르다 보니 새로운 매몰지를 구하기도 어려운 상황에 처해 있어요.

언제까지 우리는 동물의 감염병을 죽음으로 해결해야 할까요? 얼마나 더 많은 죽음의 매몰지가 만들어져야 할까요? 이 죽음의 순환에는 끝이 있을까요? 생명을 대하는 우리의 태도가 바뀌지 않는다면 죽음의 순환은 멈추지 않을 것입니다. 동물이 존엄하게 아프고 존엄하게 죽을 수 없는 땅은 인간에게도, 지구에게도 건강한 곳이 될 수 없다는 사실을 기억해야 합니다.

완벽한 비거니즘이란 없다

비거니즘이 멀게만 느껴진다면

이 책을 읽는 여러분 중에는 조금씩 천천히 비거니즘에 다가가는 친구도 있을 거예요. 일주일에 하루만 비거니즘을 실천하기로 다짐하거나 혼자 밥을 먹을 때 비건으로 먹는 식으로요. 그런데 이것만 해도 엄청난 일이에요. 막상 비거니즘을 실천해 보면 비건 요리에 도전하는 일도, 비건 식당을 찾는 일도, 편의점에서 비건 음식을 찾는 일도 쉽지만은 않거든요. 어쩌다가 친구들과 만나기로 정한 날이 비거니즘을 실천하기로 한 날이면 곤란해져요. 비건 메뉴가 있는 식당을 찾아 헤매다 보면 친구들에게 괜스레 미안해지기도 합니다. 급식을 먹거나 다른 사람과 함께하는 밥상에서 고기 메뉴를 먹게 될 때도 마음이 불편해요. 친구들이 비거니즘의 필요성에 공감하지 않을 때는 외로워지기도 하고요.

여러분은 학생이기 때문에 비거니즘을 실천하는 데 어려운 부분이 더 많을 거예요. 비건 급식이 가능한 학교가 거의 없기 때문에 점심은 비건으로 먹을 수 없어요. 학교 생활만으로도 바쁜데, 도시락을 매일 싸서 다니는 것도 어려운 일이죠. 용돈을 아껴야 하니 먹고 싶은 비건 간식이나 쓰고 싶은 비건 제품을 구매하는 것도 쉽지 않을 거고요.

완벽하게 실천하지 못하는 것도 고민이 될 수 있어요. 비건 제품이라고 생각하고 먹은 감자칩에 동물성 성분이 들어 있다는 걸 뒤늦게 알게 될 때도 있어요. 아파서 약을 먹을 때면 말랑말랑한 알약은 동물성 젤라틴으로 만들어졌고, 많은 약이 동물 실험을 거쳤을 거라는 생각이 들어 마음이 불편해요. 이런 마음들이 쌓이다 보면 '진정한' 비건이 되기에 자신은 너무 부족해 보여요.

부족한 자신이 실망스러워 속상한 한편으로 그 모습을 보고 비거니즘을 비난하는 사람들 때문에 더 힘들기도 해요. 비거니즘 관련 영상에 '식물은 안 불쌍하고?' 같은 댓글이 달려 있는 걸 보면 마음이 답답해요. 어쩌다 일회용 플라스틱을 썼더니 학급 친구가 '비건인데 플라스틱 써도 돼?'라고 말하면 완벽한 모습을 보여야 인정받을 수 있을 것 같은 생각에 스트레스를 받기도 해요.

그럼 비거니즘을 포기해야 할까요? 엄청나게 꼼꼼하고, 부지런하고, 체력도 좋은 사람들만 비건이 될 수 있는 걸까요? 전혀 아닙니다. 비건으로 살아간다는 건 하나의 정해진 모습이 아니거든요.

지구 살림이 그렇듯, 각자의 상황에 맞는 수많은 비건의 모습이 있어요.

'진정한' 비건이라는 것도 존재하지 않아요. 결점 없이 완벽한 실천을 하는 게 비거니즘의 목표일 필요도 없고요. 완벽하게 논비건인 제품을 소비하지 않는 게 최고로 중요한 일은 아니기 때문입니다. 원헬스의 렌즈로 세상을 바라보며 지속 가능한 지구를 고민하는 태도야말로 비거니즘 실천에서 가장 중요한 것 아닐까요?

만 점짜리 실천을 할 수도, 할 필요도 없다는 것을 머리로는 이해하지만 여전히 비거니즘이 어렵게 느껴진다고요? 일주일에 한 번씩, 혹은 혼자 밥을 먹을 때만 비거니즘을 실천한다면 자신을 비건이라고 말할 수는 없을 텐데, 대신 뭐라고 부를 수 있을지 모르겠다고요? 그럼 '비건 앨라이'는 어때요?

세상엔 더 많은 비건 앨라이가 필요해

앨라이란 '동맹' '협력자'란 뜻이에요. 비건 앨라이란 비건은 아니지만 비거니즘을 존중하고 지지하는 사람을 뜻해요. 비건이 되기 어렵다면 비건 앨라이가 되는 것부터 시작할 수 있어요. 지구에는 더 많은 비건이 필요하지만, 더 많은 비건 앨라이도 필요하거든요.

비거니즘의 필요성에 공감하는 비건 앨라이가 많아지는 건 비건에게 무척 소중한 심리적 자원이 될 수 있어요. '유별난' 사람으로 비치고 공감을 얻지 못하는 상황은 비거니즘을 실천하기 어려운 이유 중 하나예요. 하지만 주변에 비건 앨라이가 많아진다면 든든한 심리적 지지를 받은 비건들이 덜 지치고, 더 오래 실천을 이어 갈 수 있지 않을까요?

비건 앨라이가 된다는 건 비건 인구를 쑥쑥 키우는 기름진 토양을 만드는 일입니다. 비거니즘을 이해하고 존중하는 사회적 분위기가 만들어진다면 더 많은 사람이 비건이 되는 게 그리 어렵지 않겠다는 생각을 가지며 비건 세상에 발을 내딛을 수 있겠지요? 무엇보다, 언젠가 스스로 비건이 되는 비건 앨라이도 많을 거예요.

그렇다면 어떻게 하면 비건 앨라이가 될 수 있을까요? 먼저 비거니즘이 무엇인지, 왜 비거니즘을 실천하는지를 궁금해하고 열린 마음으로 관련 정보를 찾아보는 게 중요해요. 비건이 소비하지 않는 동물성 식품과 제품에는 무엇이 있는지를 찾아볼 수도 있어요. 주변에 비건이 있다면 함께 갈 수 있는 식당을 찾아보는 것도 좋겠지요? 바람이와 구름이처럼 자신의 여건에 따라 비거니즘을 종종 실천하는 것 역시 비건 앨라이가 되는 방법이에요. 혹시 '비개뉴어리(veganuary)'라는 단어를 들어 봤나요? 이 캠페인은 1월 한 달 동안 비거니즘을 실천하자는 움직임입니다. 한 달 동안 비거니즘을 실천한 뒤에 계속해서 실천을 이어 갈 수도 있고, 그렇지 않을 수도 있어요. 1월 이후로 실천을 계속하지 않더라도 충분히 의미 있어요. 그 한 달의 실천이 탄소 발자국을 줄였고, 동물에게 고

제12회 비건 페스티벌 '비건 잔치' 포스터. 우리나라에서도 비건 관련 행사를 찾아볼 수 있어요.

통을 주지 않았다는 사실은 분명하니까요.

비거니즘을 실천하지 않더라도 비거니즘을 위한 정책을 지지하고 목소리를 내는 방법도 있어요. 예를 들어 채식 급식권을 보장하도록 요구하는 정책을 함께 지지한다면 비건 세상의 토양을 더 기름지게 만들 수 있겠지요?

1명의 완벽한 비건보다, 100명의 비건 앨라이가 세상에 더 많은 변화를 만들 수 있어요. 비건 앨라이는 비거니즘을 향해 끊임없이 꿈틀대는 씨앗입니다. 언젠가 싹을 틔워 비건이 될 수도 있고, 땅속에서 비옥한 토양을 만드는 자양분이 될 수도 있어요. 어떤 모습이든 비건 앨라이 씨앗이 풍성하게 심긴 토양은 분명 지구에게 더 이롭지 않을까요?

용감하고
아름답게
실패하기

지구를 위해 비거니즘을 시작했는데 때로는 비거니즘이 정말 지구를 위한 건지 확신이 서지 않을 때가 있어요. 일회용 플라스틱에 담긴 비건 메뉴를 살 것인지, 아니면 플라스틱이 아닌 재생 포장지에 담긴 논비건 메뉴를 살 것인지 같은 고민들을 할 때 그래요. 또 비건 제품을 구매할 수 있는 곳이 생각보다 많지 않기 때문에, 다양한 비건 제품을 구입하려면 온라인 쇼핑을 자주 하게 돼요. 분명 지구를 위해 시작한 비거니즘인데, 거실 한 켠에 가득 쌓인 택배 상자와 포장지를 보면 과연 이게 맞나 하는 생각이 들어요. 비건 메뉴가 있는 식당을 어렵게 찾아 들어가면 아보카도가 들어간 비건 샐러드와 계란이 들어간 논비건 샐러드 중에 뭘 먹을지 고민돼요. 아보카도는 계란 한 알보다 탄소 발자국이 클 뿐만 아니라

물도 많이 소비하고 토양 산성화를 유발해요. 탄소 배출을 생각하면 계란이 더 나을 것 같은데, 옴짝달싹 못 하는 케이지에서 살아가는 닭의 고통을 떠올리면 차라리 아보카도를 먹는 게 더 낫지 않을까 싶어요.

비거니즘을 실천하는 과정에서 누구나 한 번쯤은 지구 살림 실천들이 서로 충돌하는 상황을 마주하게 됩니다. 비거니즘이 지구 살림을 실천하는 일당백이라고 했는데 '정말 그럴까?' 하는 의심도 들기 시작해요. 비거니즘과 지구 살림 실천들이 서로 다른 선택지를 가리킨다면, 우리는 어떻게 해야 할까요?

수익성이 좋아 '녹색 금'이라고 불리는 아보카도의 최대 생산지는 멕시코인데, 농장 규모를 늘리기 위해 삼림을 마구잡이로 개발해 문제가 되고 있어요.

앞서 팜유 이야기에서 살펴봤듯, 비거니즘도 어디까지나 인간의 불완전한 시선으로 만들어 낸 틀이기 때문에 복잡다단한 지구 생태계에서 벌어지는 일을 다 헤아리고 담을 수 없어요. 탄소 발자국 줄이기, 미니멀리즘, 제로웨이스트 등 우리가 그동안 살펴본 다른 실천 방법들도 마찬가지예요.

하지만 비거니즘이 지구 살림을 실천하는 일당백의 역할을 하는 것만큼은 분명해요. 비거니즘은 기후 위기뿐만 아니라 비인간 동물의 고통에도 관심을 기울이기 때문입니다. 원헬스의 관점에서 모두가 덜 고통스럽고 더 자유로운 곳을 만들기 위해 고민하는 것이야말로 지구 살림에서 가장 중요한 과제입니다.

비거니즘에 가까워질수록 우리는 더 자주 질문하게 될 거예요. '동물 복지 목장에서 키운 소를 먹는 게 지구에게 더 좋을까, 아니면 아보카도와 팜유를 먹는 게 지구에 더 좋을까?' 하지만 지구를 위한 고민은 수학 문제와는 달라요. 둘 중 하나만이 정답이라는 좁은 시선으로는 지구를 다 이해할 수 없어요. 지구 살림에서는 정답이 ○와 ×로 나뉘어지지 않는다는 사실을 기억해야 해요. 논비건도 지구 살림에 도움이 될 수 있고, 비건도 가끔은 지구 살림에 어긋나는 선택을 할 수 있어요.

이러한 비거니즘의 불완전함은 비거니즘을 실천해야 하는 이유이기도 해요. 비거니즘의 불완전함은 우리에게 무엇이 지구와 동물에게 더 나은 선택인지 계속 고민하게 만들기 때문입니다. 고민 속을 헤엄칠 때 우리는 그동안 지구와 비인간 동물을 어떻게 대하며 살아왔는지 돌아보게 됩니다. 그렇게 우리를 돌아보고, 우리가 모두 연결돼 있다는 사실을 삶의 매 순간 느끼는 과정 자체가 곧 지구 살림이라고 할 수 있어요.

누군가는 비거니즘이 언제나 지구 살림을 위한 최선의 선택지가 아니라며 비판할지도 모릅니다. 하지만 매순간 최선의 선택을 할 수 없어도 괜찮아요. 우리는 비거니즘을 통해 나와 다른 존재의 입장을 상상하고 헤아리는 일에 능숙해질 테니까요. 그렇게 나와 다른 존재를 위해 상상력을 뻗는 사람은 용감하고도 아름다운 존재입니다.

비거니즘을 실천한다는 것은 계속해서 용감하고 아름답게 실패하는 일입니다. 우리 모두 완벽하지 않은 비거니즘의 미로를 방황하며 용감하게 실패하고, 불완전한 지구 살림의 여정을 오래오래 아름답게 함께해 봐요.

우리가
할 수 있는 일 ③

비거니즘 실천
실전편!

비건 식단으로도 건강하게 살 수 있을까?

쌤, 제가 요즘 비건식으로 먹고 있는데 친구들이 풀만 먹고 어떻게 건강하게 사냐고 그래요.

세계적인 스포츠 선수 중에도 비건이 많다는 사실을 알고 있나요? 대표적으로 꼽자면, 테니스 챔피언인 세리나·비너스 윌리엄스 자매와 노박 조코비치도 10년 넘게 비건 식단을 유지하고 있어요. 올림픽 금메달 9관왕을 달성한 육상 선수 칼 루이스도 비건 식단 덕분에 좋은 컨디션을 유지할 수 있다고 말했고요.

정말요? 식물성 단백질만 먹고도 그런 근육질 몸을 유지할 수 있다고요?

단백질은 아미노산으로 만들어지는데, 우리 몸 안에서 스스로 합성할 수 없는 '필수 아미노산'은 식품을 통해 섭취해야 해요. 필수 아미노산은 식물성 식품에도 풍부하게 있어요. 채소, 곡류, 콩류, 견과류를 골고루 먹으면 우리에게 필요한 필수 아미노산을 얻기에 부족하지 않아요. 미국영양학협회와 영국영양재단에서도 '균형 잡힌 채식은 삶의 전 단계에 있어 영양학적으로 적합하다'라고 발표했고요.

그럼 어떤 식물에 단백질이 들어 있나요?

시금치, 감자, 배추에도 단백질이 있어요! 시금치 50g에서 약 1.87g, 감자 한 알에서 약 2.5g, 배추 김치 40g에서 약 0.68g의 단백질을 얻을 수 있어요. 그 외에 콩, 귀리, 버섯, 브로콜리도 단백질이 많은 식물로 알려져 있어요.

그럼 비건으로 어떻게 먹어야 단백질을 충분하게 섭취할 수 있을까요?

우리는 단백질을 많이 먹을수록 좋다는 생각을 해요. 하지만 세계영양학회에 따르면 하루 권장 단백질 섭취량은 체중에 0.8g을 곱한 값이에요. 평균적으로 남성은 55~60g, 여성은 45~50g을 섭취하면 충분하답니다. 다음과 같이 평범한 한 끼를 먹는 것만으로도 16.88g의 단백질을 섭취할 수 있어요!

현미밥 한 공기(230g) 7.1g + 배추 된장국(200g) 2.9g + 두부 조림(50g) 4.8g + 브로콜리 볶음(40g) 1.4g + 배추김치(40g) 0.68g

비건 식당을 찾는 게 어렵다면

 쌤, 집에서 먹는 것보다 밖에서 먹는 게 더 고민이에요.

 저도요. 특히 친구들이랑 약속이 있을 때 비건 식당을 찾기가 너무 어려워요!

 그렇다면 '채식 한 끼' 앱을 설치해 보세요! 근처에 비건 식당을 검색할 수 있는 아주 유용한 앱이랍니다!

ios   안드로이드

 우와! 정말 유용하네요! 으음… 근데 저희 동네에는 비건 식당이 별로 없네요.

 비건 식당이 아닌 곳에서도 친구들과 함께 먹을 수 있는 게 생각보다 많답니다! 분식집에서는 쫄면(계란 빼고 주문), 야채 김밥(햄, 어묵, 계란 빼고 주문)도 먹을 수 있어요. 즉석 떡볶이는 맹물로 조리가 가능한지 여쭤봐도 좋아요! 요즘은 채수 조리가 가능한 마라탕 식당도 많아요. 채수 마라탕과 버섯 꿔바로우를 함께 먹으면 정말 맛있어요! 다른 메뉴로 인도 커리가 있는데, 불교의 영향으로 대부분의 인도 식당에는 비건 메뉴가

있답니다. 채소를 듬뿍 넣은 '알루고비'는 대표적인 채식 커리
예요! 또 외식하면 파스타와 피자를 빼놓을 수 없죠? 마늘을
듬뿍 넣은 알리오 올리오, 향긋한 바질페스토 파스타도 비건
으로 먹을 수 있답니다! 화덕 피자 전문점이라면 토마토 소
스와 마늘, 올리브 오일로 맛을 낸 '마리나라 피자'가 있는지
확인해 보세요. 그 외에도 들기름 메밀 막국수, 청국장과 나
물 비빔밥을 하는 식당이 있다면 문을 두드려 보세요! 중식
당도 불교의 영향 덕에 채식으로 주문이 가능한 곳이 많으니
친구들과 함께 가기에 좋아요!

6식 없는 날 만들기

 쌤, 아직은 급식 때문에 완전히 비건으로 살기는 어려운 거
같아요….

 저도 횟수를 조금씩 늘려 보고 싶지만, 매일 실천하기는 좀 어
려워요.

 아무래도 그렇죠? 그럼 매달 6일, 16일, 26일마다 '6식 없는
날'을 해 보는 건 어떨까요?

 6식이 설마 그 '육식'이에요? 아하하! 너무 좋은 아이디어
다! 기억하기도 좋아요! 지금처럼 매주 월요일 실천도 하고

6식 없는 날도 해 봐야겠어요!

 나도 나도! 바람아, SNS에서 '#6식없는날' 캠페인 같이 해 볼래?

 완전 좋지! 친구들한테도 홍보해 볼게! 한 달에 세 번 정도면 부담 없이 참여하기 좋을 것 같다!

취향 저격 식물성 우유 고르기

비거니즘을 실천하고 싶은데, 우유가 들어간 스무디는 포기할 수 없을 것 같다고요? 걱정 말아요! 비거니즘과 기후 위기에 대한 인식이 높아지면서 식물성 대체유의 종류도 다양해지고 있어요. 식물성 대체유는 유당 불내증 때문에 우유를 먹으면 배가 아픈 친구들에게도 좋은 선택지가 될 거예요.

두유: 두유는 1kg에 약 0.98kg의 탄소를 배출해요. 고소한 크림 파스타나 리조또를 좋아한다면, 우유 대신 두유를 넣어 만들어 봐요! 두유 그릭 요거트도 아주 맛있답니다.

아몬드 우유: 아몬드 우유 1kg은 탄소 0.7kg을 배출하는데, 식물성 대체유 중 탄소 발자국이 가장 작은 편이에요. 하지만 아몬드 재배는 물을 많이 사용하기 때문에 아몬드 우유가 제일 낫다고 말할 수는 없

어요. 아몬드 우유는 미숫가루나 스무디를 만들 때도 잘 어울리고 쿠키, 빵, 케이크를 만들 때도 우유 대신 넣을 수 있어요.

귀리 우유(오트 우유): 귀리로 만든 우유는 1kg에 약 0.9kg의 탄소를 배출해요. 우유에 비해 3분의 1 이상 적은 양이지요. 귀리 우유는 식이 섬유도 풍부하고, 고소한 맛을 풍부하게 느낄 수 있어요. 귀리 우유로 만든 오버나이트 오트밀은 아침 식사로도 최고예요! 자기 전, 컵에 귀리를 납작하게 압착한 퀵오트 3~4숟갈을 넣고 퀵오트가 잠길 정도로 귀리 우유를 부어 냉장고에 넣습니다. 밤사이 불어난 오트밀에 과일 잼이나 바나나, 블루베리, 딸기 같은 신선한 과일을 넣어 먹으면 간편하고 맛있는 아침 식사 준비 끝!

완두콩 우유: 완두콩 우유는 우유에 비해 탄소 배출이 크게는 86% 적을 뿐만 아니라 유전자 변형을 거치지 않았고, 물 사용도 적은 편이라는 장점이 있어요. 완두콩 우유로 만든 감자 스프에 도전해 보는 건 어때요?

코코넛 우유: 코코넛 우유는 두유보다도 탄소를 적게 배출한다고 알려져 있어요. 코코넛 우유도 카레나 크림 파스타 같은 요리를 만들 때 좋고, 쿠키나 빵을 만들 때 우유 대신 넣기 좋아요.

크루얼티프리 인증 마크 확인하기

비거니즘에 대한 인식은 높아졌지만, 국내에서 동물 실험에 이용되는 동물의 수는 줄지 않고 있어요. 2021년에는 2008년 집계를 시작한 후 가장 많은 488만 마리가 넘는 동물이 실험에 이용됐어요. 같은 해 전 세계적으로는 1억 마리가 넘는 동물이 실험대에서 생명을 잃은 것으로 파악돼요.

지구 살리미로서, 우리 일상 속에서도 동물 실험에 반대하는 목소리를 낼 수 있어요. 바로 동물 실험을 하지 않은 제품들을 소비하는 것이지요. 그러한 제품을 선택하기 위해선 '크루얼티프리(cruelty-free)' 인증 마크를 확인하는 방법이 있어요.

크루얼티프리란 '잔인함이 없다'라는 의미로, 국제 인증 마크에는 크게 두 종류가 있어요. 하나는 국제 단체 페타에서 발급하는 크루얼티프리 인증 마크이고, 또 하나는 크루얼티프리 인터내셔널에서 발급하는 '리핑 버니'예요.

크루얼티프리와 비건엔 차이점이 있어요. 크루얼티프리는 동물 실험을 하지 않았다는 사실을 뜻해요. 반면 비건은 동물 실험을 하지 않고 동물성 원료도 포함하지 않았다는 뜻이에요. 그러니 동물 실험

영국 비건 소사이어티, 한국 비건 인증원, 프랑스 비건 협회 마크.

을 하지 않은 크루얼티프리 제품을 사용하는 것도 좋겠지만, 동물성 원료도 포함하지 않은 비건 인증을 받은 제품을 사용하는 게 가장 좋겠지요? 비건 인증 마크는 다음과 같이 여러 종류가 있어요.

우리가 일상적으로 사용하는 비누, 치약, 샴푸, 화장품뿐만 아니라 세제, 욕실 청소 용품 등 수많은 제품이 동물 실험을 거치고 있어요. 오늘부터는 생필품을 쇼핑할 때 비건 인증 마크나 크루얼티프리 인증 마크가 있는 지 확인해 보는 습관을 들여 보는 건 어떨까요?

닫는 말

지금까지 지구 살림 생활을
함께한 여러분에게

2020년 3월 대한민국 청소년 19명은 '청소년기후행동'이라는 이름으로 국내 최초 기후 헌법 소원을 청구했어요. 이 헌법 소원은 우리나라 탄소 중립 기본법의 온실가스 감축 목표가 기후 위기에 맞서기엔 터무니없이 모자라서 미래를 살아갈 청소년들의 생명권, 행복 추구권 등 기본권을 침해한다는 내용을 담고 있어요.

이로부터 약 4년 만인 2024년 8월, 헌법 재판소는 탄소 중립 기본법 중 온실가스 감축 목표를 제시한 제8조 1항이 헌법에 어긋난다는 '헌법 불합치' 판결을 내렸어요. 헌법 재판소도 정부의 기후 위기 대응이 부족하다고 판단했으며, 미래 세대가 짊어진 기후 위기의 부담과 고통을 인정한 것이지요.

청소년기후행동에 이어 2022년에는 20주차 태아부터 10세 아동까지 소속된 '아기기후소송단'도 기후 헌법 소원에 참여했어요.

탄소 중립 기본법 헌법 불합치 판결은 앞으로 더 오랫동안 지구에 발 딛고 살아갈 미래 세대들이 주도적으로 참여했다는 점에서 뜻 깊었어요.

한편으로 인생을 조금 더 살아온 어른으로서 미래 세대에게 더 나은 지구를 물려주지 못해 미안하기도 합니다. 넓은 세상을 경험하며 꿈을 펼치기에도 바쁠 청소년들에게 기후 위기로 인한 좌절감과 불안감까지 얹어 버렸으니 말이에요. 청소년들이 느낄 이 막막한 기분을 어른들이 감히 이해할 수 있을까요?

기후 위기에 대해 더 많이 알게 될수록, 여러분은 희망보다 절망을 더 많이 느낄지도 모릅니다. 하지만 희망은 절망보다 단단해요. 그리고 희망은 세상을 바꿀 수 있습니다. 역사적인 첫 기후 헌법 소원처럼 절망하는 데 쓸 힘과 시간을 희망으로 바꿀 때, 세상은 조금씩 천천히 달라집니다.

지구 살림 여정을 통해 여러분은 어떤 점이 달라졌나요? 핸드폰만 보며 길을 걷다가 문득 땅 위에서 바쁘게 움직이는 작은 개미와 하늘을 나는 새가 눈에 들어왔을지도 몰라요. 가끔은 탄소 발자국을 줄이기 위해 편리함보다는 수고로움을 선택했을 수도 있고요. 누군가는 슬그머니 햄을 뺀 샌드위치를 만들어 보며 비거니즘에 가까워졌을 수도 있겠지요.

어떤 변화이든 여러분은 지구 살림을 향해 나아가며 환경, 인간, 비인간 동물 모두의 행복을 고민하는 사람이 됐을 거예요. 다른 존재를 헤아린다는 건 어떤 의미가 있을까요? 지구 반대편 어딘가에 있을, 만난 적도 없는 존재의 행복을 바라는 건 왜 중요할까요? 그것이 인간으로 태어나 할 수 있는 가장 아름다운 일, 바로 '사랑'을 배우는 일이기 때문입니다. 지구 살림 여정이 결국 여러분에게 가르쳐 준 건 다른 존재를 사랑할 수 있는 능력이라고 생각해요. 최고의 사랑을 할 줄 아는 사람은 외롭고 지칠 때도 다시 일어날 수 있고, 즐겁고 행복할 때 그것을 더 많은 존재와 나눌 수 있어요.

우리는 모두 지구에 잠시 머물다 떠나는 작디작은 존재입니다. 언젠가 우리가 별이 돼 다시 만난다면 지구라는 집이 얼마나 아름다웠는지, 지구 살림으로 배운 사랑이 어떤 아름다운 추억을 만들었는지 도란도란 이야기 나누길 바라며,

내일도 부지런히 지구 살림을 해 봐요.

건강한 지구 살림 생활을
하고 싶다면 바로 여기!

사이트 및 단체

♣ 뉴스펭귄

기후 솔루션 독립 언론으로 다양한 기후 위기 소식을 알

기 쉽게 전해 줘요.

♣ 환경운동연합

1993년에 결성된 대한민국 최대의 환경 연합 단체예요.

홈페이지에서 직접 참여할 수 있는 환경 캠페인과 서명

운동을 찾아봐요!

유튜브

♣ 최재천의 아마존

이화여자대학교 에코과학부 최재천 석좌 교수님께서 동
물과 생태에 대한 다양한 이야기를 전해 주셔요.

♣ 초식마녀

집에 있는 재료로 뚝딱 만들 수 있는 비건 요리를 알려 주
고 비건 라이프를 보여 주는 초식마녀님의 채널이에요.

♣ 세미의 절기

제로웨이스트와 비거니즘을 실천하는 임세미 배우님의
채널이에요. 비건 김치를 담그고, 업사이클링 제품을 만
드는 소소한 일상을 들여다볼 수 있어요.

인스타그램

♣ 비고미(@b_gomi_)

비건 지향 곰돌이, 비고미 작가님이 소박한 비건 생활과
비건 베이커리 이야기를 전해 줘요.

♣ 구희(@climate.human)

『기후위기인간』 구희 작가님의 채널로, 기후 위기 시대

를 살아가는 일상을 이야기해요.